狗貓好菌友

奇異狗博士 著

留美博士讓你一次搞懂
好菌、壞菌、益生菌

推薦序

重點不是我們人類！是——**牠們**！

PiPi：汪，汪汪，汪汪汪，汪汪汪汪，汪汪汪汪汪！
Tabby：喵，喵，喵，喵，喵！

我是鄒PiPi
出生於美國賓州
生日是10/16/2019
最愛吃的東西是肉肉肉

序

　　2019年12月16號，我們多了一位家人PiPi，從這個時候開始，我就有一份責任，要讓你健健康康，開開心心地過著往後的每一天，不過常常會因為不知道哪些營養更適合你，所以看了很多文獻報告，去找出最適合你的飲食，保養品，保健品等等，當時由於我們是在美國將你接回家的，美國天氣乾燥，身體都沒有出現太多的問題，所以一直保持著相同的飲食以及生活習慣，直到兩年前回到台灣，台灣的天氣真的太潮濕了，你非常的不適應，所以一直常常看到你撓癢，然後身體皮膚泛紅，之後用力抓就出現小傷口，但是看了很多獸醫，也只能治標不治本，之後開始用了很多保健品，不過都沒有太多的改善，並且常常問廠商以及一些專業人士，這些保健品的真實作用，包含運作機理，不過都說的不是很清楚，所以身為父母的看到這情況一定都會很著急，後來想想自己的本業就是做人的抗老化療程，因此決定乾脆自己來做，因為要做給自己家

人吃的，一定都會用最高標準去製作，所以才會開始慢慢地開始研究寵物這塊領域，希望用自己的專長守護自己的家人。

這本書是從科學的角度，以及我的個人經驗，去解釋一些最近很熱門的益生菌，例如有哪些菌種，菌株在我們毛小孩身上，益生菌如何製作，如何有效的食用益生菌等等，並且跟人一樣，每一個毛孩都是屬於一個個體，都具有自己獨特的體質，我們需要了解他們，並提供毛孩真正需要的產品，希望這本書可以幫助到所有的毛爸毛媽，讓我們一起用專業守護我們的家人。

目錄

CHAPTER 1
寵物生命全展開

在這幾年，寵物已經不在是寵物了，而是成為每個家庭中不可缺少的家人，根據美國獸醫協會（AVMA）的 U.S. Pet Ownership & Demographics Sourcebook2022 年的研究報告顯示2020年美國家庭中飼養寵物的類型排名依序為：

1. 狗：45%的家庭至少擁有一隻狗
2. 貓：38%的家庭至少擁有一隻貓
3. 魚類：2.7%的家庭擁有魚類
4. 鳥類：2.5%的家庭擁有鳥類
5. 爬蟲類：1.4%的家庭飼養爬蟲類
6. 鼠類：1.3%的家庭擁有鼠類
7. 兔：1.2%的家庭擁有兔子
8. 家禽：0.5%的家庭擁有家禽

Chapter 1
寵物生命全展開

Chapter 2
益生菌的世界

Chapter 3
狗貓菌相大公開

Chapter 4
益生菌預防寵物疾病

Chapter 5
寵物益生菌的食用方法

　　從數據看出「寵物」已經在家庭裡占有不可缺少的地位，尤其狗以及貓類，占了絕大多數的選擇，並且由於現代人不愛生小孩，也將現在的貓貓狗狗，當成是自己的小孩一樣看待，從食衣住行育樂品質都相當重視，也因此寵物的壽命也隨著飼主的呵護，隨之增長，各種保健，保養以及機能商品在近幾年大量浮出市場，而飼主做了這麼多，其實最在意的就是我的毛小孩可以陪伴我們多久呢？他們現在到底等於我們人類的幾歲呢？幾歲要開始保養身體呢？每一個都是每位飼主關心的要項。

　　而在這個章節中，我們會介紹寵物年齡最新的計算方式，以及現階段活得最久的狗與貓，在了解狗狗和貓貓能活多久之前，我們要了解牠們最常見的十大疾病，才能去精準的預防，藉此讓我們的毛小孩，可以陪伴在我們身邊不僅更久，也更健康。

狗貓在家庭中，飼養比例最高

1.1 如何計算寵物生命

　　狗的年齡與人類不同，它們的壽命要短得多。狗的年齡與人類年齡的確切比較，可能因品種和大小而異，但一般來說，經驗法則是：狗的1年約等於人的7年。

　　然而，這種計算並不完全準確，因為狗在早年比人類成熟和衰老得更快，然後隨著年齡的增長而減慢。

　　以下是更精準的算法（美國獸醫協會AVMA）去計算狗的生命，以及每個歲數對應人類年齡的數據：

1歲的狗 = 10.5 - 16 人年

2歲的狗 = 21 - 24人年

3歲的狗 = 28 - 32人年

4歲的狗 = 32 - 40人年

5歲的狗 = 36 - 44人年

6歲的狗 = 40 - 48人年

　　六歲以後，狗通常以每年約5-6人年的速度衰老。因此，一隻10歲的狗大約相當於人類的56-60歲，而一隻15歲的狗大約相當於人類的76-84歲。

　　貓與狗擁有稍微不同的計算算法，美國貓科醫師協會的論點如下：與狗一樣，貓的衰老速度與人類不同，因為貓在生命的頭幾年衰老得更快，然後隨著年齡的增長而衰老得更慢。

　　以下是貓科動物年齡與人類年齡的比較粗略分類：

1 歲的貓 = 大約 15 人年

2 歲的貓 = 大約 24 人年

3 歲的貓 = 大約 28 人年

4 歲的貓 = 大約 32 人年

5 歲的貓 = 大約 36 人年

6 歲的貓 = 大約 40 人年

Chapter 1
寵物生命全展開　　Chapter 2
益生菌的世界　　Chapter 3
狗貓菌相大公開　　Chapter 4
益生菌預防寵物疾病　　Chapter 5
寵物益生菌的食用方法

六歲以後，貓通常以每貓科動物一年大約四人年的速度衰老。 因此，一隻10歲的貓大約相當於人類56歲，一隻15歲的貓大約相當於人類76歲。

需要注意的是，以上都只是一個粗略的估計，寵物實際衰老速度會因品種、遺傳和整體健康等因素而有所不同。 此外，就像人類一樣，寵物也會經歷與年齡相關的健康問題，例如關節炎和認知能力下降，對於寵物主人來說，隨著寵物的年齡增長，提供適當的護理和醫療是非常重要的。

1.2 前3大世界活最久的狗與貓

	名次	名子	出生日期	當天使日期	年齡	種類
狗	1	Bobi	1992	還活者	30	家畜護衛犬
	2	Bluey	1910	1939	29	牧牛犬
	3	Taffy	1975	2003	27	牧羊犬
貓	1	Crème Puff	1967	2005	38	混種虎斑貓
	2	Baby	1970	2008	38	米克斯
	3	Puss	1903	1939	36	虎斑貓

1.3 狗與貓十大疾病

通過美國寵物產品協會（APPA）和美國獸醫協會（AVMA）等不同組織進行的調查（APPA 每兩年進行一次全國寵物主人調查，其中包括有關寵物主人對自家毛小孩最關注的問題，並且 AVMA 也進行調查並提供與寵物護理相關的資源）以下是整理出寵物主人對其寵物的前 5 大擔憂：

1. 健康問題
2. 營養
3. 行為問題
4. 老化問題
5. 獸醫費用

其中健康問題，在大多數的飼主中大多是處於第一位，所以狗貓比較重要的疾病，可以根據寵物健康保險公司 Veterinary Pet Insurance 和 Nationwide 的數據，

去推算自家寵物未來，最容易得到的疾病種類，並且及早
預防，因為預防永遠都勝於治療，以下表格為狗和貓統計
出的前10大疾病：

Chapter 1
寵物生命全展開

Chapter 2
益生菌的世界

Chapter 3
狗貓菌相大公開

Chapter 4
益生菌預防寵物疾病

Chapter 5
寵物益生菌的食用方法

犬	2011	2015	2018
1	耳朵感染	皮膚過敏	皮膚過敏
2	皮膚過敏	耳朵感染	耳朵感染
3	皮膚感染	非癌性皮膚腫塊	非癌性皮膚腫塊
4	非癌性皮膚腫塊	皮膚感染	腹瀉
5	胃部不適	關節炎	皮膚感染
6	腹瀉	胃部不適	胃部不適
7	關節炎	口腔疾病	關節炎
8	膀胱或尿路感染	腹瀉	口腔疾病
9	瘀傷或挫傷	膀胱或尿路感染	肛門腺發炎
10	甲狀腺功能低下	瘀傷或挫傷	膀胱或尿路感染
貓	2011	2015	2018
1	膀胱或尿路感染	膀胱或尿路感染	膀胱或尿路感染
2	慢性腎病	口腔疾病	口腔疾病
3	甲狀腺功能亢進	慢性腎病	慢性腎病
4	胃部不適	胃部不適	胃部不適
5	口腔疾病	甲狀腺激素過多	腹瀉
6	糖尿病	腹瀉	甲狀腺激素過多
7	腹瀉	糖尿病	上呼吸道感染
8	耳朵感染	炎症性腸病	皮膚過敏
9	皮膚過敏	上呼吸道感染	糖尿病
10	淋巴肉瘤	淋巴瘤	心臟病

　　從數據來看，狗通常以皮膚為最常發生之疾病，而貓是以膀胱以及尿路感染最為嚴重，其實從飼主最關心的五件事（健康問題、營養、行為問題、老化問題以及獸醫費用）都跟寵物健康是息息相關的。

　　在這生化醫藥越來越進步的時代，雖然疾病是可以暫時被控制住，但大多數是無法治癒的，大部分的症況會隨著時間，一而再，再而三的復發，復發後只能用更強烈的藥物去壓制病情，所以近幾年不管是在人醫還是在寵物領域，都掀起「預防勝於治療」之主軸思想浪潮。其中琳瑯滿目的保健品，是最多飼主選擇增強寵物免疫力的標的；其中，益生菌擁有非常多的科學實證，包含臨床以及不同的實驗均證實益生菌可以在不同的使用方法，以及不同的菌株選擇上，有不同的預防以及治療效果，因此在接下來的章節中，會討論到益生菌到底是甚麼，益生菌是怎麼獲得的。

奇異狗博士知識篇：
Covid-19寵物也會傳染嗎？

★寵物會不會得到Covid 19？

★症狀跟人有什麼差別呢？

★人會不會傳染給寵物？

★寵物傳染給主人呢？

★該怎麼預防呢？

奇異狗博士 Dr.DC

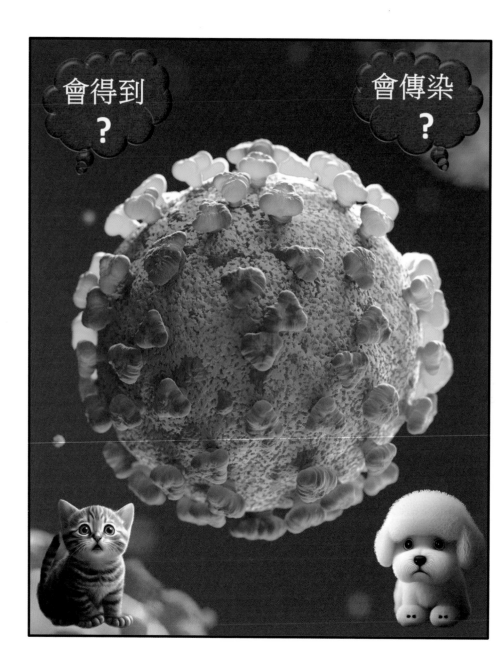

　　世界動物衛生組織（OIE）於2022年4月報告中顯示，全球有675起動物染疫，總共在36個國家以及23個物種裡發生，但是就算有染疫，症狀也是相當輕微或者根本無症狀，非常低的機率才有重症的機會發生，當然寵物染疫一定不止675件，只是我們家狗狗和貓貓，不可能每天自己拿著快篩試劑捅自己鼻子看有沒有確診吧！

　　從美國疾病調查局（CDC）報導中，截至目前為止證明人是可以傳染Covid-19給動物的，但是反過來動物傳染給人類還是無法證明出來的喔。

　　那有人會說，如果病毒存在寵物的毛髮中，是不是也是會有被傳染的風險呢？其實最主要的還是要看病毒量的多寡，在一般情況下，病毒的量能生存在毛小孩的毛髮裡，是非常少的，所以大家可以不用過多的擔心，CDC也建議飼主若是很擔心的話，飼主可以做以下的項目減少感染的機率：

1. 讓寵物待在室內，避免牠們自由外出散步。
2. 遛狗時使用牽繩，並且至少距離他人2公尺以上，防止牠們與非自身家庭以外的人接觸。
3. 遛寵物時，避免前往大量人群聚集的地方。
4. 不要幫寵物戴口罩。
5. 請不要用化學藥劑或酒精擦拭貓狗，或是洗澡。因為人類的消毒用品像是酒精、漂白水等，這對於毛小孩來說，有一定的刺激性，所以在你對自己消毒時，要遠離毛小孩，若是直接噴在毛小孩身上，可能會造成刺激呼吸道，引發急喘、咳嗽，以及皮膚過敏紅腫。

奇異狗博士 Dr.DC

CHAPTER 2
益生菌的世界

2.1 益生菌是甚麼

益生菌的概念最早是在20世紀初，由一位名叫Elie Metchnikoff 的俄羅斯科學家提出的，他假設食用含有有益細菌的發酵食品，可以為身體帶來更好的影響，身體可以在經過服用這些細菌後，更健康而達到抗衰老的功用。

Elie Metchnikoff

* Underhill DM, Gordon S, Imhof BA, Núñez G, Bousso P. Élie Metchnikoff (1845–1916): celebrating 100 years of cellular immunology and beyond. Nature Reviews Immunology. 2016 Oct;16(10):651-6.

Chapter 1
寵物生命全展開

Chapter 2
益生菌的世界

Chapter 3
狗貓菌相大公開

Chapter 4
益生菌預防寵物疾病

Chapter 5
寵物益生菌的食用方法

　　在隨後的幾年中，研究人員繼續探索益生菌的潛在益處，此後大量研究證明了各種益生菌菌株促進身體機能健康的作用。現今，益生菌已被廣泛認為是促進腸道健康和整體健康的重要工具。而到底益生菌是甚麼呢？

　　益生菌是一種活的微生物，當攝入足量時，它會給宿主生物帶來健康益處。這些有益細菌通常存在於人以及動物的消化系統中，也存在於某些食物和膳食補充劑中。益生菌通過恢復和維持腸道中好細菌和壞細菌的平衡來發揮作用，從而改善消化、減少炎症、增強免疫系統，並可能預防或改善各種健康狀況（體重控制、幫助睡眠以及舒緩情緒等）。然而，並不是每一種益生菌都有以上的這些作用，益生菌可以分成不同的菌株，就像是在社會中我們都有一份工作，但不同的工作，擁有的屬性也不同而帶來的益處也不同，益生菌也是如此，不同的益生菌菌株，會帶來對身體上不同的益處，因而在使用特定菌株、劑量和評估個體健康狀況後，就可以為身體帶來預防並且降低疾病

發生的效果，以下介紹益生菌會以人類的試驗數據以及功效爲主，不過寵物也會有相似的療效，而寵物的試驗會在之後的章節介紹給大家。接下來會說明，幾種比較常使用的益生菌，並總結成表格讓大家更認識它們喔！

Chapter 1
寵物生命全展開

Chapter 2
益生菌的世界

Chapter 3
狗貓菌相大公開

Chapter 4
益生菌預防寵物疾病

Chapter 5
寵物益生菌的食用方法

嗜酸乳桿菌又稱爲A菌

是一種常見於人體胃腸道的細菌,也常被用作益生菌補充劑。嗜酸乳桿菌的作用可以通過多種方式對人體健康有益:

1. 消化健康:嗜酸乳桿菌有助於維持腸道中有益細菌的健康平衡。它可以幫助營養物質的消化和吸收,還可以幫助預防和治療消化問題,例如腹瀉、便祕和腸易激綜合症(IBS)。

2. 免疫系統:嗜酸乳桿菌被認爲可以通過刺激天然抗體的產生和增加免疫細胞的活性來幫助增強免疫系統。這有助於預防和減輕感染的嚴重程度,包括呼吸道感染和尿路感染。

3. 陰道健康:嗜酸乳桿菌是陰道微生物組的重要組成部分,對於維持健康的陰道pH值和防止有害細菌過度生長是非常重要的角色。它還可以幫助預防和治療陰

道感染，例如細菌性陰道病和酵母菌感染。

4. 膽固醇和血壓：嗜酸乳桿菌已被證明對降低總膽固醇
   水平和血壓有一定的作用，這可能有助於降低患心臟
   病的風險。

總體來說，嗜酸乳桿菌的作用對人體健康有益，特別
是在維持消化和免疫健康以及預防感染方面。

Chapter 1
寵物生命全展開

Chapter 2
益生菌的世界

Chapter 3
狗貓菌相大公開

Chapter 4
益生菌預防寵物疾病

Chapter 5
寵物益生菌的食用方法

比菲德氏菌又稱爲B菌

也是一種常見於人體胃腸道的細菌，也亦可作爲益生菌補充劑。比菲德氏菌的作用可以通過多種方式有益於人類健康：

1. 消化系統健康：比菲德氏菌有助於維持腸道中有益細菌的健康平衡。他也可以幫助預防和治療消化問題，例如腹瀉、便祕和腸易激綜合症（IBS）。

2. 免疫系統：比菲德氏菌被認爲可以通過刺激天然抗體的產生和增加免疫細胞的活性來幫助增強免疫系統。

3. 過敏和哮喘：比菲德氏菌已被證明在降低過敏反應（包括哮喘）的風險和嚴重程度方面具有潛在益處。它被認爲通過調節對過敏原的免疫反應和減少炎症來起作用。

比菲德氏菌的作用對人體健康有益，尤其是在維持消化和免疫健康以及降低過敏和哮喘風險方面。

乾酪乳桿菌又稱爲C菌

常見於人體胃腸道的細菌，也常用作益生菌補充劑。乾酪乳桿菌擁有多種對人體有益的影響：

1. 消化健康：乾酪乳桿菌有助於維持腸道中有益細菌的健康平衡。 它可以幫助營養物質的消化和吸收，還可以幫助預防和治療消化系統問題，例如腹瀉、便祕和炎症性腸病（IBD）。

2. 皮膚健康：乾酪乳桿菌已被證明在改善皮膚健康方面具有潛在益處，特別是在減輕痤瘡的嚴重程度方面。它被認爲通過減少炎症和調節皮膚微生物組來起作用。

3. 口腔健康：乾酪乳桿菌已被證明在降低齲齒風險和改善口腔健康方面具有潛在益處。它被認爲通過降低口腔中有害細菌的水平和促進健康的口腔微生物群而起作用。

　　乾酪乳桿菌對人體健康是有益，特別是在維持消化和免疫健康、改善皮膚健康和促進口腔健康方面。

羅伊氏乳桿菌又稱為R菌

　　這種細菌常見於人體的胃腸道，同時也被廣泛地作為益生菌補充劑使用。羅伊氏乳桿菌的效用可以通過多種方式對人體健康有益：

1. 消化健康：羅伊氏乳桿菌有助於維持腸道中有益細菌的健康平衡。它可以幫助營養物質的消化和吸收，還可以幫助預防和治療消化系統問題。

2. 免疫系統：羅伊氏乳桿菌也可以幫助增強免疫系統。這有助於預防和減輕感染的嚴重程度，包括呼吸道感染和尿路感染。

3. 骨骼健康：羅伊氏乳桿菌已被證明在改善骨骼健康方面具有潛在益處，特別是在降低骨質疏鬆症風險方面。它被認為通過改善骨骼健康所需的鈣和其他營養素的吸收來起作用。

Chapter 1
寵物生命全展開

Chapter 2
益生菌的世界

Chapter 3
狗貓菌相大公開

Chapter 4
益生菌預防寵物疾病

Chapter 5
寵物益生菌的食用方法

4. 皮膚健康：羅伊氏乳桿菌已被證明在改善皮膚健康方面具有潛在益處，尤其是在減輕濕疹的嚴重程度方面。它被認為通過減少炎症和調節皮膚微生物組來起作用。

　　羅伊氏乳桿菌對人體健康有相當的益處，特別是在維持消化和免疫健康、改善骨骼健康和促進皮膚健康方面。

長雙歧桿菌

　　長雙歧桿菌是人體腸道常見的細菌之一，也常被當作益生菌的補充品使用。長雙歧桿菌可以通過幾種方式對人類健康有益：

1. 消化健康：長雙歧桿菌有助於維持腸道中有益細菌的健康平衡。它可以幫助營養消化和吸收，還可以幫助預防和治療消化問題，例如腹瀉、便祕和炎症性腸病（IBD）。

2. 免疫系統：通過刺激自然抗體的產生並增加免疫細胞活性來幫助增強免疫系統。 這可以幫助預防和減少感染的嚴重程度。

3. 心理健康：已證明長雙歧桿菌在改善心理健康方面具有潛在的好處，尤其是在減輕焦慮和抑鬱症狀方面。人們認為可以通過調節腸道軸（卽腸道與大腦之間的通信網絡）來起作用。

Chapter 1
寵物生命全展開

Chapter 2
益生菌的世界

Chapter 3
狗貓菌相大公開

Chapter 4
益生菌預防寵物疾病

Chapter 5
寵物益生菌的食用方法

4. 過敏和哮喘：長雙歧桿菌已被證明在降低包括哮喘在內的過敏反應的風險和嚴重程度方面具有潛在的好處。人們認爲可以通過調節對過敏原的免疫反應和減少炎症來起作用。

總體而言，長雙歧桿菌的影響可能對人類健康有益，尤其是在維持消化和免疫健康，改善心理健康以及降低過敏和哮喘的風險中。

雙歧桿菌Breve

　　這種細菌通常存在於人體的胃腸道中，扮演著重要的角色。它被認為對於人體的健康具有重要的影響，並且廣泛地被使用作為益生菌的補充劑。雙歧桿菌可以對人類有健康的益處包含：

1. 消化健康：可以幫助營養消化和吸收，預防腹瀉，便祕和炎症性腸病（IBD）。
2. 免疫系統：可以通過刺激自然抗體的產生並增加免疫細胞活性來幫助增強免疫系統。
3. 嬰兒的健康：雙歧桿菌通常在母乳餵養的嬰兒的腸道中發現，並且被認為在免疫系統和腸道微生物組的發展中起著重要作用。在配方奶粉嬰兒中補充雙歧桿菌的補充可在降低感染和過敏的風險方面具有潛在的好處。

Chapter 1
寵物生命全展開

Chapter 2
益生菌的世界

Chapter 3
狗貓菌相大公開

Chapter 4
益生菌預防寵物疾病

Chapter 5
寵物益生菌的食用方法

4. 皮膚健康：已證明雙歧桿菌Breve在改善皮膚健康方面具有潛在的好處，尤其是在降低特異位性皮膚炎的嚴重程度（濕疹）方面。人們認為可以通過減少炎症和調節皮膚微生物組來起作用。

總體而言，雙歧桿菌可能對人類健康有益，特別是在維持消化和免疫健康，改善嬰兒健康和促進皮膚健康方面。

乳雙歧桿菌

乳雙歧桿菌的影響可以通過幾種方式對人類健康有益：

1. 消化健康：已知乳雙歧桿菌可以幫助營養消化和吸收。

2. 免疫系統：刺激自然抗體的產生並增加免疫細胞活性來幫助增強免疫系統。 這可以幫助預防和減少感染的程度。

3. 婦女的健康：改善婦女健康方面，尤其是在降低陰道感染的風險（例如細菌性陰道病和酵母菌感染的風險）方面。

4. 過敏和哮喘：乳酸桿菌已被證明在降低包括哮喘在內的過敏反應的風險和嚴重程度具有潛在的好處。

Chapter 1
寵物生命全展開

Chapter 2
益生菌的世界

Chapter 3
狗貓菌相大公開

Chapter 4
益生菌預防寵物疾病

Chapter 5
寵物益生菌的食用方法

　　總體而言，乳酸菌雙歧桿菌的影響可能對人類健康有益，尤其是在維持消化和免疫健康，改善婦女的健康以及降低過敏和哮喘的風險中。

動物雙歧桿菌

動物雙歧桿菌這種細菌通常棲息在人體的腸道中，是腸道微生物群落中的重要成員之一。人們相信它對於維持身體健康有著不可或缺的作用，作用包含：

1. 消化健康：動物雙歧桿菌有助於維持腸道中有益細菌的健康平衡。它可以幫助營養消化和吸收，預防炎症性腸病（IBD）。

2. 婦女的健康：已顯示動物雙歧桿菌在改善婦女健康方面具有潛在的好處，尤其是在降低陰道感染的風險（例如細菌性陰道炎和酵母菌感染的風險）方面。人們認為可以通過調節陰道微生物組來起作用。

3. 骨骼健康：已證明動物雙歧桿菌在改善骨骼健康方面具有潛在的好處，尤其是預防骨質流失和骨質疏鬆症。人們認為，通過增加鈣和其他對骨骼健康重要的營養的吸收來起作用。

Chapter 1
寵物生命全展開

Chapter 2
益生菌的世界

Chapter 3
狗貓菌相大公開

Chapter 4
益生菌預防寵物疾病

Chapter 5
寵物益生菌的食用方法

　　動物雙歧桿菌可能對人類的健康有益，尤其是在維持消化和免疫健康，改善婦女健康和促進骨骼健康方面。

鼠李糖乳桿菌

是另一種通常在人類胃腸道中發現的細菌，也被用作益生菌補充劑。鼠李糖乳桿菌的影響可以通過幾種方式對人類健康有益：

1. 消化健康：它可以幫助營養消化和吸收。

2. 免疫系統：刺激自然抗體的產生並增加免疫細胞活性來幫助增強免疫系統。

3. 婦女的健康：降低陰道感染的風險（例如細菌性陰道炎和酵母菌感染）方面具有潛在的好處。

4. 過敏和濕疹：降低包括濕疹在內的過敏反應風險和嚴重程度具有潛在的好處。

5. 體重管理：鼠李糖乳桿菌菌已被證明在體重管理方面具有潛在的好處。人們認為它可以通過促進腸道中有益細菌的生長來起作用，這可以幫助消化和吸收養分，並有助於減少炎症和胰島素抵抗。

　　總體而言，鼠李糖乳桿菌可能對人類的健康有益，特別是在維持消化和免疫健康，改善婦女健康，減少過敏和濕疹的風險以及促進體重管理的風險。

植物乳桿菌

　　是一種通常在發酵食品中發現的細菌，也被用作益生菌補充劑。乳桿菌的作用在幾種方面可以對人類的健康有益：

1. 消化健康：它可以幫助營養消化和吸收，還可以幫助預防和治療消化問題，例如腹瀉、便祕和炎症性腸病（IBD）。

2. 免疫系統：增加免疫細胞活性來幫助增強免疫系統。這可以幫助預防和減少感染的嚴重程度，包括呼吸道感染和尿路感染。

3. 抗發炎：已證明植物乳桿菌具有抗發炎特性，這可能有助於減少體內的炎症並改善諸如關節炎，過敏和哮喘等狀況。

4. 降低膽固醇：已證明植物乳桿菌在降低血液中的膽固醇水平方面具有潛在的好處。人們認為它通過與膽固

Chapter 1
寵物生命全展開

Chapter 2
益生菌的世界

Chapter 3
狗貓菌相大公開

Chapter 4
益生菌預防寵物疾病

Chapter 5
寵物益生菌的食用方法

醇結合併防止其在腸道中的吸收來起作用。

5. 皮膚健康：已證明植物乳桿菌在改善皮膚健康方面具有潛在的好處，尤其是在減少痤瘡和其他皮膚狀況的嚴重程度方面。 人們認爲可以通過減少炎症和改善皮膚上細菌平衡來起作用。

總體而言，植物乳桿菌可能對人類健康有益，特別是在維持消化和免疫健康方面，減少炎症，改善膽固醇水平並促進皮膚健康。

中文名稱	英文名稱	目前所知功效
嗜酸乳桿菌	Lactobacillus acidophilus	維持消化系統、免疫健康、女性健康、降低總膽固醇水平和血壓
比菲德氏菌	Bifidobacterium bifidum	維持消化系統、免疫健康、降低過敏和哮喘風險
乾酪乳桿菌	Lactobacillus casei	維持消化系統、免疫健康、改善皮膚和促進口腔健康
羅伊氏乳桿菌	Lactobacillus reuteri	維持消化系統和免疫健康、改善骨骼健康和促進皮膚健康
長雙歧桿菌	Bifidobacterium longum	維持消化系統和免疫健康、改善心理健康以及降低過敏和哮喘的風險
短雙歧桿菌	Bifidobacterium breve	維持消化系統和免疫健康、改善嬰兒健康和促進皮膚健康
乳雙歧桿菌	Bifidobacterium lactis	維持消化和免疫健康、改善女性健康以及降低過敏和哮喘的風險
動物雙歧桿菌	Bifidobacterium animalis	維持消化系統和免疫健康、改善女性健康和促進骨骼健康
鼠李糖乳酸桿菌	Lactobacillus rhamnosus	維持消化系統、免疫健康、女性健康、過敏、濕疹以及體重管理
植物乳桿菌	Lactobaciluus plantarum	維持消化系統和免疫健康、減少炎症、改善膽固醇水平和促進皮膚健康

那益生菌到底長的什麼樣子呢？益生菌通常呈現桿狀或球形細菌，其大小因特定物種和菌株而異。

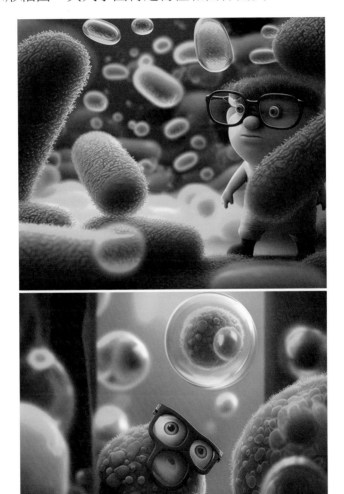

益生菌形狀大多為長條以及圓球形狀

2.2 益生元

　　益生元是不易消化的膳食纖維，可刺激腸道中有益細菌的生長和活動。它們不同於益生菌，益生菌是定植於腸道並提供健康益處的活細菌。益生元充當益生菌的食物，幫助它們在腸道中茁壯成長和繁殖。在本節中，我們將探索益生元的 10 個常見示例及其潛在的健康益處。

1. 菊糖：菊糖是一種果聚醣，存在於許多植物中，包括菊苣根、菊芋和蘆筍。 它是一種非常流行的益生元補充劑，經常添加到酸奶、格蘭諾拉麥片棒和穀物等食物中。 菊粉已被證明可以改善腸道健康，減少炎症，並增強鈣和鎂等礦物質的吸收。

2. 低聚果糖（FOS）：FOS 是另一種果聚醣，存在於許多水果和蔬菜中，包括香蕉、洋蔥和大蒜。與菊粉一樣，低聚果糖通常作爲益生元補充劑添加到食品中。FOS已被證明可以增加腸道中有益細菌的數量，減少便祕，並提高免疫功能。

Chapter 1
寵物生命全展開

Chapter 2
益生菌的世界

Chapter 3
狗貓菌相大公開

Chapter 4
益生菌預防寵物疾病

Chapter 5
寵物益生菌的食用方法

3. 低聚半乳糖 （GOS）：GOS 是一種低聚醣，存在於人類母乳和一些植物中，包括豆類和堅果。GOS 已被證明可以改善腸道健康，降低感染風險，並改善營養物質的吸收。

4. 抗性澱粉：抗性澱粉是一種在小腸內不易消化並完整到達大腸，作爲有益細菌食物的澱粉。許多食物中都含有抗性澱粉，包括馬鈴薯、大米和豆類。它已被證明可以改善腸道健康，減少炎症，並提高胰島素敏感性。

5. β-葡聚醣：β-葡聚醣是一種存在於許多穀物中的纖維，包括燕麥和大麥。它已被證明可以改善腸道健康，降低膽固醇水平，並增強免疫功能。

6. 果膠：果膠是一種纖維，存在於許多水果中，包括蘋果、橙子和香蕉。 它已被證明可以改善腸道健康，減少炎症，並增強營養素的吸收。

7. 阿拉伯膠：阿拉伯樹是一種源自金合歡樹的植物。它

已被證明可以改善腸道健康，減少炎症，並增強營養素的吸收。

8. 乳果糖：乳果糖是一種糖，通常用作瀉藥。然而，它也具有益生元特性，並已被證明可以增加腸道中有益細菌的數量。

9. 低聚木糖（XOS）：XOS 是一種低聚醣，存在於許多水果和蔬菜中，包括竹筍和玉米芯。它們已被證明可以改善腸道健康、減少炎症和增強免疫功能。

10. 聚葡萄糖：聚葡萄糖是一種合成纖維，通常用作低熱量甜味劑。它已被證明可以改善腸道健康，減少炎症，並增強營養素的吸收。

益生元是健康飲食的重要組成部分，可以提供廣泛的健康益處。在您的飲食中加入富含益生元的食物或服用益生元補充劑可以幫助改善腸道健康、增強免疫功能並增強營養素的吸收。

益生元在許多食物裡都存在著喔

2.3 後生元

後生元是一類相對較新且研究較少的生物活性化合物，由益生菌在其生長和代謝過程中產生。這些化合物可以對健康產生有益影響，包括免疫調節、抗發炎作用和防止致病菌生長。以下是後生元及其益處的十個常見示例：

1. 短鏈脂肪酸（SCFA）：當益生菌分解腸道中的纖維時會產生 SCFA。這些後生元已被證明可以通過促進有益細菌的生長、減少炎症和改善腸道屏障功能來改善腸道健康。短鏈脂肪酸還與提高免疫功能、降低結腸癌風險和改善心理健康有關。

2. 有機酸：發酵過程中會產生乙酸、乳酸等有機酸。這些後生元已被證明可以降低腸道的 pH 值，從而抑制有害細菌的生長。有機酸還被證明可以改善礦物質吸收、減少炎症和改善腸道屏障功能。

3. 細菌素：細菌素是益生菌產生的蛋白質，可以殺死有害細菌。這些後生元已被證明可以減少有害細菌的生

Chapter 1
寵物生命全展開

Chapter 2
益生菌的世界

Chapter 3
狗貓菌相大公開

Chapter 4
益生菌預防寵物疾病

Chapter 5
寵物益生菌的食用方法

長，包括沙門氏菌和大腸桿菌。細菌素也有可能成為抗生素的天然替代品。

4. 胜肽：胜肽是發酵過程中產生的短鏈氨基酸。這些後生元已被證明具有抗氧化和抗炎特性，以及潛在的抗癌特性。肽也被證明可以改善皮膚健康並降低患心血管疾病的風險。

5. 多醣：多醣是發酵過程中產生的複合碳水化合物。這些後生元已被證明具有潛在的抗炎和增強免疫力的特性。多醣也可能具有作為抗過敏的天然療法的潛力。

6. 酚類化合物：酚類化合物是在發酵過程中產生的，具有抗氧化和抗炎的特性。這些益生元已被證明可以通過降低膽固醇水平和改善血壓來改善心臟健康。酚類化合物也可能具有作為糖尿病自然療法的潛力。

7. 維生素：益生菌可產生維生素K、B族維生素等維生素。這些後生元具有許多健康益處，包括改善骨骼健康和能量產生。維生素 K 也被證明可以降低患癌症的

風險。

8. 酵素酶：益生菌能產生乳糖酵素酶等酶類，能在腸道內分解乳糖。這些後生元已被證明可以改善乳糖不耐症患者的消化。 酵素酶也可能作爲消化系統疾病（如腸易激綜合症）的自然療法。

9. 核苷酸：核苷酸是在發酵過程中產生的，具有潛在的增強免疫力的特性。這些後生元已被證明可以改善腸道健康並降低感染風險。核苷酸也可能具有作爲炎症性腸病自然療法的潛力。

10. 微生物細胞壁成分：微生物細胞壁成分是在發酵過程中產生的，具有潛在的免疫增強特性。 這些後生元已被證明可以減少炎症、改善腸道健康並降低感染風險。微生物細胞壁成分也可能具有作爲自身免疫性疾病自然療法的潛力。

Chapter 1
寵物生命全展開

Chapter 2
益生菌的世界

Chapter 3
狗貓菌相大公開

Chapter 4
益生菌預防寵物疾病

Chapter 5
寵物益生菌的食用方法

以下是十種常見的含有後生元的食物：

1. 優格：優格是一種發酵乳製品，含有活菌，在發酵過程中產生後生元。 這些後生元有助於維持腸道細菌的健康平衡，並可能有助於支持健康的免疫系統。

2. 泡菜：泡菜是一種傳統的韓國白菜，由發酵的蔬菜製成，通常是捲心菜。發酵過程會產生後生元，有助於改善腸道健康並增強免疫系統。

3. 大蒜：大蒜中的大蒜素被認為是後生元，因為它是由食物成分（大蒜素）與微生物酶（大蒜酶）相互作用產生的，對宿主的健康有益。

4. 酸菜：酸菜是一種發酵的捲心菜，在東歐很常見。 發酵過程會產生後生元，有助於改善腸道健康並增強免疫系統。

5. 味噌：味噌是日本料理中常用的發酵豆醬。發酵過程會產生後生元，有助於改善腸道健康並增強免疫系統。

6. 豆豉：豆豉是一種發酵豆製品，常用於印尼菜。發酵過程會產生後生元，有助於改善腸道健康並增強免疫系統。

7. 醃菜：泡菜是用醋或鹽溶液醃製的黃瓜或其他蔬菜。醃製過程會產生後生元，有助於改善腸道健康並增強免疫系統。

8. 康普茶：康普茶是一種發酵茶，是使用細菌和酵母的共生培養物製成的。發酵過程會產生後生元，有助於改善腸道健康並增強免疫系統。

9. 酵母麵包：酵母麵包是用酵母發酵劑製成的，酵母發酵劑是麵粉和水的混合物，經過細菌和酵母菌發酵而成。發酵過程會產生後生元，有助於改善腸道健康並增強免疫系統。

10. 黑巧克力：黑巧克力含有類黃酮，是一種具有抗氧化和抗炎作用的後生元。這些益生元有助於改善心臟健康並降低患慢性病的風險。

Chapter 1
寵物生命全展開

Chapter 2
益生菌的世界

Chapter 3
狗貓菌相大公開

Chapter 4
益生菌預防寵物疾病

Chapter 5
寵物益生菌的食用方法

　　後生元是一個新興的研究領域，具有潛在的健康益處。 它們由益生菌在發酵過程中產生，也可以從益生元中獲得。 這些後生元具有廣泛的健康益處，包括改善腸道健康、減少炎症和增強免疫系統。 將後生元納入我們的飲食可能是改善我們整體健康狀況的重要途徑。

後生元在許多食物裡都存在著喔

2.4 三者相互關係以及對健康的影響

　　益生元、益生菌和後生元對於維持健康的腸道微生物群都是必不可少的。雖然它們是相關的，但它們各自在促進腸道健康方面發揮著獨特的作用。

　　簡單的整理以上的訊息，益生元是不可消化的纖維，可作為腸道有益細菌的食物。它們本身不是活細菌，而是充當益生菌生長的基質。益生元很重要，因為它們可以選擇性地刺激特定有益細菌的生長和活性，從而形成更加多樣化和健康的腸道微生物群。益生元的一些例子包括低聚果糖（FOS）、菊粉和抗性澱粉。這些可以在洋蔥、香蕉、蘆筍和燕麥等食物中找到。

　　另一方面，益生菌是活的微生物，當攝入足量時可以提供健康益處。這些微生物可以通過促進有益菌的生長、排擠有害菌和產生短鏈脂肪酸等有益化合物，在腸道定殖並改善腸道功能。益生菌存在於優格、泡菜和酸菜等發酵食品以及膳食補充劑中。

後生元是益生菌的代謝副產物，這些化合物可以在益生菌在腸道中的生長和活動過程中產生，也可以通過益生元發酵產生。後生元包括有機酸、細菌素和胞外多醣等化合物。它們已被證明具有抗炎和免疫調節作用，以及促進腸道屏障功能。後生元的一些例子包括丁酸鹽、乙酸鹽和乳酸鹽。這些可以在開大蒜、康普茶和味噌等發酵食品中找到。

益生元、益生菌和後生元之間的關係是複雜且相互依存的。益生元提供益生菌茁壯成長所需的食物和環境，而益生菌產生後生元作為其代謝活動的一部分。每種成分在促進腸道健康方面都發揮著獨特的作用，它們共同發揮協同作用，提供一系列超越每種成分單獨作用的健康益處。

將人體腸道想像成一個需要不斷照料和關注才能茁壯成長的花園。益生元就像土壤一樣，提供植物生長所需的養分。它們為益生菌的繁殖創造了理想的環境，就像肥沃的土壤可以讓種子發芽和生長一樣。

Chapter 1
寵物生命全展開

Chapter 2
益生菌的世界

Chapter 3
狗貓菌相大公開

Chapter 4
益生菌預防寵物疾病

Chapter 5
寵物益生菌的食用方法

　　益生菌就像植物本身，每一種都有其獨特的特性和益處。正如花園需要多種植物才能茁壯成長一樣，腸道也需要多種益生菌來支持整體健康。

　　最後，後生元就像植物生產的水果和蔬菜。一旦益生菌完成它們的工作並繁殖，它們就會產生後生元，它們是滋養和支持身體的有益化合物和物質。這些後生元就像我們從吃各種新鮮水果和蔬菜中獲得的維生素和礦物質一樣。

　　就像精心照料的花園會帶來豐收一樣，由益生元滋養、益生菌支持並富含後生元的健康腸道可以幫助我們茁壯成長並保持整體健康。

　　用個有趣的比喻，如果以復仇者聯盟來比喻三者間的關係。益生元就像神盾局特工一樣，為復仇者聯盟提供支持和資源，幫助他們茁壯成長並完成他們的工作。如果沒有神盾局的支持，復仇者聯盟將很難發揮作用。

　　益生菌就像復仇者聯盟本身，每個人都有自己獨特

的技能和能力。他們是抵禦入侵勢力和維護世界安全的前線。

但正如復仇者聯盟經常組隊並結合他們的力量一樣，益生菌也一起工作產生後生元，這可以被認爲是來自他們團隊合作的特殊能力。這些後生元提供了超出益生菌自身能力的額外好處，就像復仇者聯盟一起完成比他們單獨完成的更多一樣。

此外，正如復仇者聯盟需要神盾局的支持才能發揮最佳作用一樣，益生菌也需要益生元才能蓬勃發展並產生後生元。 如果沒有益生元，益生菌將難以生存和繁衍，而後生元的產量將受到限制。

通過這種方式，益生元、益生菌和後生元之間的關係可以被認爲是一種團隊努力，就像復仇者聯盟一起拯救世界一樣。

益生元、益生菌以及後生元是密不可分的

2.5 益生菌的製造流程

1. 菌株的選擇：首先，根據其潛在的健康益處以及在目標產品中存活和增殖的能力來選擇菌株。

2. 接種和生長：然後將選定的細菌菌株接種到生長培養基中，並使其在受控條件下生長，例如溫度、pH 值和氧氣可用性。

3. 收穫：一旦細菌培養物達到其最大生長期，就通過離心、過濾或沉澱等方法收穫。

4. 濃縮：然後可以使用冷凍乾燥或噴霧乾燥等各種方法濃縮收穫的細菌，以生產可用於膳食補充劑或添加到食品中的粉末形式。

5. 穩定化：為確保益生菌的活力，可將麥芽糖糊精或其他賦形劑等穩定劑添加到濃縮細菌中。

6. 質量控制：最終產品經過嚴格的測試和質量控制措施，以確保其含有所需的菌株、穩定且可安全食用。

7. 包裝：最終的益生菌產品隨後被包裝在密封容器中，

Chapter 1
寵物生命全展開

Chapter 2
益生菌的世界

Chapter 3
狗貓菌相大公開

Chapter 4
益生菌預防寵物疾病

Chapter 5
寵物益生菌的食用方法

例如膠囊或小袋，以保護細菌免受水分和其他環境因素的影響。

需要注意的是，益生菌生產中使用的具體步驟和方法可能因預期用途和產品類型而異。 此外，監管要求和指南也可能影響生產過程。

奇異狗博士知識篇：
寵物的世界是黑白的嗎？

★狗看到的世界是黑白的嗎？
★貓看到的世界是黑白的嗎？

奇異狗博士 Dr.DC

　　人眼的工作，得益於三種稱為「視錐細胞」的顏色檢測細胞。通過比較這些視錐細胞中，每一個被射入的可見光，讓我們的大腦將紅色波長與綠色波長以及藍色波長與黃色波長區分開來，讓我們看到這個色彩繽紛的世界。

　　而狗的視覺與人類的視覺非常不同。狗看世界的顏色比我們少，但這並不意味著我們的狗狗是完全色盲的。與大多數其他哺乳動物的眼睛一樣，狗的眼睛只有兩種視錐細胞。這些使他們的大腦能夠區分藍色和黃色，但不能區分紅色和綠色。貓的色覺也不同。貓也可能是三色視者，但研究人員認為它們看到的綠色和藍色多於紅色或紫色。所以，貓的色覺很像一個色盲的人。此外，貓和其他動物一樣，在色覺方面沒有人類那麼豐富或變化。所以毛小孩的世界不是黑白的呢！

CHAPTER 3
狗貓菌相大公開

狗貓身上在不同的部位，含有不同的細菌，細菌有分好菌也有分壞菌，在這個章節中會介紹在狗貓身上常見的細菌以及細菌會引起的好處或壞處，通常發生疾病時都是因爲體內菌相產生不平衡，導致體內開始發生變化，壞的菌越來越多，好的菌越來越少，最終導致疾病的產生，雖然菌種相同，但是常常在不同的部位，也會產生不同的效果，那讓我們來看看狗和貓身上有哪些菌相吧（此資料從已發表的國際論文以及個人知識統整而出）。

狗貓在不同的部位，都具有不同的菌相

3.1 口腔（門）

厚壁菌（firmicutes）

厚壁菌門是一個細菌門，包括許多不同的物種，常見於狗和貓的口腔中。其中一個物種是鏈球菌，它是一種乳酸菌，通過將醣類轉化爲乳酸來幫助維持口腔中的 pH 平衡。這有助於防止可能導致蛀牙和其他口腔健康問題的有害細菌的生長。其他常見於狗和貓口腔中的厚壁菌門細菌包括乳桿菌和腸球菌。 這些細菌也是乳酸菌，通過產生抑制有害細菌生長的酸來幫助促進健康的口腔環境。

擬桿菌（bacteroidetes）

　　擬桿菌是一種細菌，常見於狗和貓的口腔中。這些細菌通過幫助分解複雜的碳水化合物和促進有益細菌的生長，在維持口腔健康方面發揮著至關重要的作用。擬桿菌被認為是口腔中的「好細菌」，因為它們會產生有助於調節口腔pH平衡的短鏈脂肪酸。 通過調節pH平衡，它們有助於防止有害細菌的生長，這些有害細菌會導致牙菌斑、牙齦疾病和口臭。

　　此外，擬桿菌還具有降解和代謝複合多醣的能力，例如膳食纖維，這些多醣不能被口腔中的其他細菌分解。這個過程會產生重要的代謝物，例如丁酸鹽和丙酸鹽，它們具有抗炎特性並為口腔粘膜中的細胞提供能量。總體來說，擬桿菌在維持口腔微生物群的平衡和防止有害細菌在狗貓口腔中過度生長方面發揮著重要作用。

螺旋體菌（spirochaetes）

　　螺旋體門菌，它們長而細長，呈螺旋狀，並且能運動。它們存在於許多不同的環境中，包括土壤、水和動物（包括狗科動物和貓科動物）的口腔。在口腔中，螺旋體細菌在牙菌斑的形成中發揮作用，牙菌斑是一種粘附在牙齒上的粘性薄膜，可導致牙齦疾病和蛀牙等牙齒問題。 某些種類的螺旋體，例如 Treponema denticola 和 Treponema vincentii，與狗和貓的牙周病特別相關。

梭桿菌（fusobacteria）

　　梭桿菌是一種常見於狗和貓口腔中的細菌。這些細菌是厭氧的，這意味著它們可以在氧氣很少或沒有氧氣的環境中生存。在口腔中，梭桿菌在牙菌斑和牙齦炎的發展中發揮作用。牙菌斑是一種在牙齒上形成的薄生物膜，由細菌、唾液和食物殘渣組成。梭桿菌是牙菌斑中發現的主要細菌之一，它們在牙齒與牙齦接觸的區域尤為豐富。如果牙菌斑沒有通過定期刷牙和潔牙去除，它會硬化成牙垢，從而導致更嚴重的牙齒問題。

　　梭桿菌也與牙齦炎的發展有關，牙齦炎是牙齦的炎症。當身體的免疫系統對細菌感染作出反應時，就會發生炎症，這會導致牙齦發紅、腫脹和出血。如果不及時治療，牙齦炎會發展為更嚴重的牙周病，導致牙齒脫落和其他健康問題。除了它們在牙菌斑和牙齦炎中的作用外，梭桿菌還與狗和貓的其他類型的感染有關，包括皮膚感染和

膿腫。 總的來說，雖然梭桿菌是貓狗口腔微生物群的正常
組成部分，但它們的過度生長會導致一系列健康問題，因
此良好的口腔衛生和定期的獸醫護理對於保持寵物的健康
非常重要。

放線菌（Actinobacteria）

　　放線菌門是一個細菌門，包括多種物種，其中許多存在於狗科動物和貓科動物的口腔微生物組中。放線菌在維持口腔健康方面發揮多種作用。放線菌的關鍵功能之一是幫助分解食物中的複雜碳水化合物和蛋白質。這個過程有助於防止有害細菌在口腔中積聚，這些細菌會導致蛀牙和牙齦疾病。放線菌還產生酶，可以中和口腔中其他細菌產生的酸，進一步有助於防止蛀牙。

　　除了在分解食物和預防蛀牙方面的作用外，一些放線菌還可以產生有助於抑制口腔中有害細菌生長的抗菌化合物。這有助於預防牙周病的發展，牙周病是狗科動物和貓科動物的常見口腔健康問題。

　　總體而言，放線菌是狗科動物和貓科動物口腔微生物組的重要組成部分，在維持口腔健康方面發揮著至關重要的作用。

口腔（屬）

梭桿菌（fusobacterium）

　　梭桿菌是一種常見於狗和貓口腔中的細菌。它是一種革蘭氏陰性厭氧菌，可以在口腔微生物組中發揮有益和有害的作用。梭桿菌可以產生短鏈脂肪酸，有助於維持口腔中健康的pH值並防止有害細菌的生長。然而，在某些情況下，梭桿菌可能會致病並導致牙周炎和牙齦炎等口腔疾病。梭桿菌感染可導致口腔組織發炎和損傷，包括牙齦、牙齒和骨骼。這會導致牙齒脫落、口臭以及心臟病和腎病等全身健康問題。保持口腔細菌（包括梭桿菌）的健康平衡對於狗和貓的整體健康非常重要。定期的牙齒護理，包括刷牙和專業清潔，以及適當的營養，可以幫助支持健康的口腔微生物群。

卟啉單胞菌（porphyromonas）

　　卟啉單胞菌是一種革蘭氏陰性厭氧菌，常見於貓和狗的口腔微生物群中。它是人類牙周病原體複合體的成員，這意味著它與引起人類牙周病有關。在狗和貓中，卟啉單胞菌還會引起牙周病，其特徵是支持牙齒的組織發生炎症和破壞，包括牙齦、牙周韌帶和牙槽骨。卟啉單胞菌可以產生多種致病性毒力因子。這些包括降解組織細胞外基質的酶、損害宿主細胞的毒素以及可引起炎症的脂多醣。卟啉單胞菌還可以在牙齒表面形成生物膜，保護它免受宿主防禦和抗生素的侵害。

二氧化碳嗜纖維菌（capnocytophaga）

　　Capnocytophaga是一種革蘭氏陰性細菌，常見於狗和貓的口腔微生物組中。它是一種厭氧菌，這意味著它在沒有氧氣的情況下生長最好。在狗和貓的口腔中，Capnocytophaga 通過防止有害細菌（如卟啉單胞菌和梭桿菌）的過度生長，在維持健康的微生物群中發揮作用。它通過競爭牙齒和牙齦表面的營養物質和附著點來做到這一點。Capnocytophaga也被認為在飲食中復雜碳水化合物的分解中發揮作用，使它們更容易被宿主消化。這是因為它會產生澱粉酶等酶，可以將澱粉分解成更簡單的糖。

　　然而，在極少數情況下，Capnocytophaga也會引起感染，尤其是在免疫系統較弱的人群中。在狗和貓中，Capnocytophaga感染也很罕見，但已有報導，通常發生在免疫功能低下的動物或患有嚴重牙周病的動物中。

德克斯氏菌（Derxia）

　　Derxia是一種屬於毛單胞菌科的細菌。它常見於土壤和淡水環境中，但也存在於狗和貓的口腔微生物組中。在口腔微生物組中，Derxia已被確定為與狗牙周病相關的潛在致病菌。牙周病是狗和貓的常見病症，由於牙菌斑和牙垢的積累而發生，如果不及時治療，會導致牙齦發炎和感染、牙齒脫落和全身健康問題。已發現Derxia產生的酶可以分解結締組織的細胞外基質，結締組織是口腔中牙齦和其他軟組織的重要組成部分。這會導致牙齦和牙周組織的破壞，導致牙周病的發展。

　　為了支持狗和貓的口腔健康，重要的是要保持口腔微生物群中有益細菌的健康平衡，同時盡量減少Derxia等潛在致病菌的生長。定期的牙科護理和獸醫檢查對於預防和管理牙周病很重要。

3.2 皮膚（門）

變形菌（proteobacteria）

變形菌門是一個細菌門，包括多種微生物，其中許多在狗科動物和貓科動物皮膚的微生物組中起著重要作用。變形菌是革蘭氏陰性菌，包括常見於皮膚的幾個屬，例如假單胞菌屬、不動桿菌屬和窄養單胞菌屬。

變形菌對皮膚既有正面影響，也有負面影響。一些變形桿菌菌株是有益的，有助於保護皮膚免受有害微生物的侵害。例如，某些種類的假單胞菌會產生抑制金黃色葡萄球菌生長的化合物，金黃色葡萄球菌是狗和貓的常見皮膚病原體。此外，一些變形菌可以產生分解皮膚上有害物質的酶，例如多餘的油脂或死皮細胞。然而，其他變形桿菌可能是機會性病原體，可能導致狗和貓的皮膚感染。例如，某些種類的不動桿菌與狗科動物和貓科動物的皮膚感染病例有關，尤其是免疫系統受損或存在其他潛在健康問

Chapter 1
寵物生命全展開

Chapter 2
益生菌的世界

Chapter 3
狗貓菌相大公開

Chapter 4
益生菌預防寵物疾病

Chapter 5
寵物益生菌的食用方法

題的動物。

　此外，變形菌可以產生脂多醣（LPS），在某些情況下會導致炎症和皮膚屏障受損。總體來說，變形菌在狗貓皮膚健康中的作用是複雜的，取決於存在的特定菌株及其與皮膚微生物組中其他微生物的相互作用。

3.3 胃（擁有10^4~10^5 cfu/g的菌）（門）

變形菌（proteobacteria）

變形菌門是一個大型細菌門，包括許多不同類型的物種，其中一些常見於狗和貓的胃腸道中。在胃中，變形菌在分解食物和幫助消化方面發揮著重要作用。一些變形菌可以產生酶，幫助分解食物中復雜的碳水化合物和蛋白質，使它們更容易被體內吸收。此外，已發現一些變形菌可以產生短鏈脂肪酸，這可以為胃壁細胞提供能量來源。然而，值得注意的是，某些類型的變形菌也與狗和貓的負面健康影響有關，例如炎症和胃腸道疾病。因此，重要的是要保持胃中有益細菌（包括變形菌）的平衡，以支持最佳的消化系統健康。

Chapter 1
寵物生命全展開

Chapter 2
益生菌的世界

Chapter 3
狗貓菌相大公開

Chapter 4
益生菌預防寵物疾病

Chapter 5
寵物益生菌的食用方法

幽門螺桿菌屬（helicobacter）

幽門螺桿菌是一種細菌，通常寄居在狗和貓的胃中。雖然某些種類的螺桿菌可以致病並引起疾病，但其他種類的螺桿菌被認為是共生的，可以在胃微生物組中發揮有益作用。一種共生螺桿菌的例子是貓螺桿菌，它常見於貓的胃中。這種細菌被認為在調節胃中的免疫反應、幫助預防炎症和維持健康的微生物平衡方面發揮作用。在狗中，狗螺桿菌是胃中常見的一種。雖然它與胃部炎症和疾病有關，但它也被認為是一些狗的共生物種，可能有助於維持健康的胃部微生物群。

總體來說，幽門螺桿菌在狗和貓的胃微生物組中的作用仍未完全了解，需要更多的研究來確定其確切功能。

3.4 小腸（10^5~10^9 cfu/g）（門）

厚壁菌（Firmicutes）

厚壁菌門是一種細菌門，常見於狗和貓的胃腸道中。在小腸中，厚壁菌門在分解複雜碳水化合物並將其發酵成可被宿主吸收的更簡單化合物方面發揮著重要作用。 這個過程稱為發酵，會產生短鏈脂肪酸（SCFA），例如丁酸鹽、乙酸鹽和丙酸鹽，它們是腸道上皮細胞的能量來源，已被證明對腸道健康有益。

某些種類的厚壁菌門，如乳桿菌和鏈球菌，已知是益生菌，可以幫助維持腸道細菌的健康平衡。然而，某些厚壁菌門的過度生長，如艱難梭菌，與狗和貓的腸道疾病有關，如炎症性腸病（IBD）和抗生素相關性腹瀉（AAD）。 因此，保持小腸中厚壁菌門的健康平衡對於狗和貓的整體健康和福祉非常重要。

變形菌（proteobacteria）

變形菌門是一個大型細菌門，包括多種革蘭氏陰性微生物，其中許多是致病性的。在狗和貓的小腸中，變形菌可以發揮有益和有害的作用。

小腸中的一些變形菌可以幫助消化和吸收營養，以及產生必需的維生素。例如，一些大腸桿菌菌株可以產生維生素 K，這對凝血很重要。此外，一些變形桿菌菌株可以產生短鏈脂肪酸，這是宿主的重要能量來源。然而，變形桿菌的某些種類也可能是機會性病原體，導致炎症和腸道內壁損傷。

有害變形菌的例子包括可引起腹瀉和發燒的沙門氏菌，以及可引起胃炎和消化性潰瘍的螺桿菌。小腸中有益和有害變形菌之間的平衡對於維持狗和貓的腸道健康和整體健康非常重要。

擬桿菌（Bacteroidetes）

擬桿菌是一種細菌，在狗科動物和貓科動物的消化系統中起著至關重要的作用。它們是腸道中的主要細菌群之一，有助於分解宿主無法消化的複雜碳水化合物和其他營養物質。擬桿菌在降解複雜的植物多醣如纖維素、半纖維素和果膠方面特別有效。他們通過產生各種各樣的碳水化合物降解酶來做到這一點，包括糖苷水解酶、多醣裂解酶和碳水化合物酯酶。這些複雜碳水化合物的分解會產生短鏈脂肪酸（SCFA），例如乙酸鹽、丙酸鹽和丁酸鹽，它們是宿主的重要能量來源。擬桿菌在維持腸道菌群平衡方面也起著至關重要的作用。它們通過競爭營養和產生抗菌肽來幫助防止致病菌過度生長。

Chapter 1
寵物生命全展開

Chapter 2
益生菌的世界

Chapter 3
狗貓菌相大公開

Chapter 4
益生菌預防寵物疾病

Chapter 5
寵物益生菌的食用方法

　　擬桿菌還可以調節宿主免疫系統，促進健康免疫系統的發育並預防自身免疫性疾病。總體而言，擬桿菌在營養物質的消化和吸收以及維持狗科動物和貓科動物腸道微生物群的健康方面發揮著關鍵作用。

螺旋菌（Spirochaetes）

　　螺旋體是細菌的一個門，其特徵是螺旋形、靈活的身體。在狗類小腸中，螺旋體以共生菌的形式存在，這意味著它們與宿主和諧相處並提供各種益處。狗小腸中的螺旋體有助於食物的消化並有助於維生素的產生。它們還通過爭奪腸道內的資源和空間來防止有害細菌的生長。此外，它們通過與腸道中的免疫細胞相互作用來促進免疫系統的發育。

　　然而，某些種類的螺旋體，例如Brachyspira hyodysenteriae，可引起狗的疾病，尤其是腹瀉和結腸炎。這些有害細菌通過受汙染的糞便傳播，對年幼或免疫功能低下的動物尤其危險。

梭桿菌（Fusobacteria）

　　梭桿菌是細菌的一個門，包括常見於狗和貓的消化道中的革蘭氏陰性厭氧菌。在小腸中，梭桿菌有助於分解複雜的碳水化合物和其他宿主動物無法消化的有機物。這有助於釋放可被宿主吸收的營養物質，並產生可作為宿主能量來源的短鏈脂肪酸。然而，梭桿菌也可能是致病性的，並導致胃腸道疾病，例如狗和貓的炎症性腸病和腹瀉。在某些情況下，梭桿菌會產生有害的毒素和酶，這些毒素和酶會破壞腸道內壁並影響營養吸收。因此，保持小腸中有益細菌（包括梭桿菌）的平衡對於動物的整體健康非常重要。

放線菌（Actinobacteria）

　　放線菌門是一個細菌門，包括許多革蘭氏陽性細菌。在狗科動物和貓科動物的小腸中，與厚壁菌門、擬桿菌門和變形菌門等其他細菌門相比，放線菌門的數量較少。某些種類的放線菌（例如雙歧桿菌）已被證明在狗和貓的腸道微生物組中發揮有益作用。雙歧桿菌以其發酵碳水化合物產生短鏈脂肪酸的能力而聞名，短鏈脂肪酸有益於腸道內壁的健康。它還通過促進抗炎細胞因子的產生來幫助調節免疫系統。

　　在狗科動物和貓科動物的腸道微生物組中也發現了其他種類的放線菌，例如棒狀桿菌和丙酸桿菌。眾所周知，這些物種會產生丙酸，這是一種對維持腸道健康很重要的短鏈脂肪酸。總體來說，雖然放線菌在狗貓小腸中不像其他細菌門那樣豐富，但它在維持腸道健康和免疫功能方面仍然發揮著重要作用。

小腸（10^5~10^9 cfu/g）（屬）

乳酸菌（lactobacillus）

　　乳酸菌是一種常見於狗小腸的細菌。它屬於厚壁菌門，在維持腸道菌群平衡方面發揮著重要作用。乳酸桿菌是一種產生乳酸的細菌，可以幫助維持小腸的酸性 pH 值，這對其他有益細菌的生長和增殖很重要。它還具有將碳水化合物分解成單醣的能力，單醣很容易被宿主吸收。此外，乳桿菌可以產生有助於消化蛋白質和脂肪的酶。研究表明，乳酸菌對狗科動物有多種健康益處。已發現它可以改善營養吸收，增強免疫系統，並降低腹瀉和炎症性腸病等胃腸道疾病的風險。

　　乳酸菌也被證明具有抗菌特性，有助於防止腸道內有害細菌的生長。總體來說，乳酸桿菌是狗小腸微生物群的重要組成部分，在維持腸道健康和整體健康方面發揮著重要作用。

葡萄球菌（staphylococcus）

　　葡萄球菌是一種細菌，可以在狗的胃腸道（包括小腸）中發揮作用。 雖然金黃色葡萄球菌是一種眾所周知的人類病原體，但在狗和其他動物的腸道中也可以發現其他種類的葡萄球菌。在狗身上，葡萄球菌可能是腸道微生物群的正常組成部分，但腸道微生物群過度生長或失衡會導致葡萄球菌過度生長並引起胃腸道疾病。這會導致腹瀉、嘔吐和腹痛等症狀。葡萄球菌也存在於狗的糞便中，可能通過水平基因轉移促進抗生素抗性基因的傳播。因此，重要的是要監測腸道微生物群並保持細菌的健康平衡，以防止葡萄球菌等有害細菌過度生長。

梭菌屬（clostridium）

　　梭狀芽孢桿菌是革蘭氏陽性菌的一種，常見於貓和狗的腸道中。有幾種梭菌可以在貓科動物的小腸中定殖，包括產氣莢膜梭菌和艱難梭菌。產氣莢膜梭菌是貓科動物腸道的常見居民，通常被認為是一種共生生物，這意味著它在正常情況下不會引起疾病。然而，在某些情況下，例如飲食改變或正常腸道微生物群被破壞，產氣莢膜梭菌會過度生長並產生毒素，導致貓出現腹瀉和其他胃腸道症狀。

　　艱難梭菌是另一種梭狀芽孢桿菌，可引起貓腹瀉和其他胃腸道症狀。它是一種機會性病原體，通常會感染免疫系統較弱或接受過抗生素治療的貓。艱難梭菌產生的毒素會破壞腸道內壁並引起炎症，從而導致腹瀉、腹痛和其他症狀。

總體來說，雖然梭狀芽孢桿菌是貓腸道微生物群的正常組成部分，但某些物種的過度生長會在某些條件下導致疾病。

鏈球菌（streptococcus）

　　鏈球菌是一種革蘭氏陽性菌，可以在貓的小腸中發揮
作用。雖然大多數鏈球菌菌株是無害的，但有些會導致動
物和人類患病。在小腸中，鏈球菌可以幫助發酵碳水化合
物並產生乳酸，從而有助於營造健康的腸道環境。然而，
某些鏈球菌菌株（例如牛鏈球菌）的過度生長與貓的胃腸
道疾病有關。雖然鏈球菌可以對貓的小腸產生有益影響，
但某些菌株也會引起疾病，因此應監測過度生長並在必要
時進行治療。

3.5 大腸（10^9~10^11 cfu/g）（門）

厚壁菌（Firmicutes）

厚壁菌門是一種細菌門，常見於狗和貓的胃腸道中。在大腸中，厚壁菌門負責碳水化合物的發酵和短鏈脂肪酸（SCFA）的產生，例如丁酸、乙酸和丙酸，它們是宿主動物的重要能量來源。在厚壁菌門中，梭狀芽孢桿菌類在狗和貓的大腸中尤為重要。梭狀芽孢桿菌能夠分解宿主動物自身酶無法消化的複雜多醣，並產生大量丁酸鹽，有助於維持腸上皮細胞的健康。

狗和貓大腸中另一類重要的厚壁菌門細菌是桿菌。這些細菌可以產生有助於分解膳食纖維的酶，它們還能夠產生乳酸，有助於維持腸道的酸性環境，從而抑制有害細菌的生長。

　　總體而言，厚壁菌門通過發酵碳水化合物、產生短鏈脂肪酸、分解複雜的多醣並有助於維持酸性環境，在維持狗和貓大腸的健康和正常功能方面發揮著至關重要的作用。

變形菌（Proteobacteria）

變形菌門是一個龐大而多樣的細菌門，包括範圍廣泛的物種。它們普遍存在於狗和貓的腸道中，並在消化過程中發揮重要作用。在大腸中，變形菌可以幫助分解複雜的碳水化合物並產生短鏈脂肪酸，這是人體重要的能量來源。某些種類的變形菌，如大腸桿菌，也參與維生素的合成，包括對血液凝固很重要的維生素 K。然而，大腸中變形菌的過度生長也可能是消化問題的徵兆，例如炎症性腸病或其他胃腸道疾病。此外，一些變形桿菌菌株，如沙門氏菌和彎曲桿菌，可能具有致病性並引起疾病。變形菌是一組不同的細菌，在狗和貓的消化過程中起著重要作用，但致病菌株的過度生長或存在會導致消化問題和疾病。

擬桿菌（Bacteroidetes）

擬桿菌是一種細菌，常見於狗和貓的大腸中。它們在分解宿主動物無法消化的複合碳水化合物和其他膳食纖維方面發揮重要作用，從而促進營養物質的吸收。

具體來說，擬桿菌門的酶可以將復雜的碳水化合物（例如纖維素和半纖維素）分解成單醣，然後可以被腸道中的其他細菌發酵。這個過程會產生短鏈脂肪酸（SCFA），這是宿主動物的重要能量來源，也有助於維持腸道內壁的健康。

擬桿菌還具有調節免疫系統和防止有害細菌在腸道定植的作用。它們通過產生可以抑制其他細菌生長的分子，以及通過與它們競爭腸道資源來做到這一點。

總體來說，擬桿菌是狗和貓腸道微生物組的重要組成部分，它們的存在對於維持適當的消化和免疫功能至關重要。

梭桿菌（Fusobacteria）

梭桿菌是一種細菌，常見於狗和貓的胃腸道，包括大腸。雖然某些種類的梭桿菌會引起感染，例如狗的牙周病，但其他種類的梭桿菌屬共生菌，在維持腸道微生物群的平衡方面發揮著重要作用。

一種常見於狗科動物和貓科動物腸道的梭桿菌是具核梭桿菌。該物種已被證明具有有益和致病的特性。一方面，它可以幫助維持腸上皮細胞的完整性，並且已發現與患有胃腸道疾病的狗相比，腸道健康的狗體內含量更高。另一方面，它與狗的炎症性腸病（IBD）的發展有關，並且還與狗和貓的牙周病有關。

總體來說，梭桿菌在狗和貓腸道微生物組中的作用是複雜的，尚未完全了解。然而，很明顯，它們在維持腸道健康和體內平衡方面發揮著重要作用，梭桿菌和其他腸道細菌的相對豐度失衡會導致疾病的發展。

放線菌（Actinobacteria）

　　放線菌是細菌的一個門，包括有益和致病的物種。在狗科動物和貓科動物的大腸中，與厚壁菌門和擬桿菌門等其他門類相比，放線菌門的數量較少。然而，一些放線菌，如雙歧桿菌，已知是重要的益生菌，可以為宿主帶來健康益處。雙歧桿菌通常存在於狗和貓的大腸中，已知對它們的健康有益。這些細菌有助於分解宿主無法自行消化的複雜碳水化合物，產生短鏈脂肪酸（SCFA），作為宿主的能量來源。

　　雙歧桿菌還可以通過與有害細菌競爭資源和調節免疫系統來幫助維持健康的腸道微生物群。其他可能在狗貓大腸中發現的放線菌包括棒狀桿菌，它已知會產生丙酸鹽，這是另一種有益於宿主的短鏈脂肪酸，以及分枝桿菌，它是一種可導致動物和人類疾病的致病菌。總體來說，放線菌在狗貓大腸中的作用仍在研究中，但雙歧桿菌等有益物

種的存在表明它們可能在維持腸道健康方面發揮重要作用。

Chapter 1
寵物生命全展開

Chapter 2
益生菌的世界

Chapter 3
狗貓菌相大公開

Chapter 4
益生菌預防寵物疾病

Chapter 5
寵物益生菌的食用方法

大腸（10^9~10^11 cfu/g）（屬）

乳酸菌（lactobacillus）

乳酸桿菌是一種革蘭氏陽性菌，可以在狗和貓的大腸中找到。它們以通過醣類發酵產生乳酸的能力而聞名，這可以創造一個可以抑制有害細菌生長的酸性環境。乳酸菌可以通過幫助維持腸道微生物組的平衡在大腸中發揮有益作用。它們可以幫助分解可能未在小腸中完全消化的食物成分，爲宿主產生有價值的營養。它們還可能參與某些維生素的生產，例如對血液凝固很重要的維生素 K。

此外，乳酸菌可以幫助刺激免疫系統，這對整體健康和抗病能力很重要。已發現一些乳酸桿菌菌株在減少腸道炎症方面特別有效，這可能對患有胃腸道疾病的狗和貓有益。

總體來說，大腸中存在的乳酸菌可能對狗和貓的健康和福祉有重要貢獻。然而，具體的作用和益處可能取決於存在的特定乳酸菌菌株，以及個體動物的健康和飲食。

擬桿菌（Bacteroides）

擬桿菌屬是一種革蘭氏陰性菌，常見於動物（包括貓）的腸道微生物群中。在貓科動物的大腸中，擬桿菌有助於分解複雜的碳水化合物和纖維，產生短鏈脂肪酸（SCFA）作為副產品。這些SCFA是腸道內壁細胞的重要能量來源，也可以被吸收到血液中，為身體其他部位提供能量。擬桿菌還在調節腸道免疫系統方面發揮作用，有助於防止有害細菌過度生長並促進腸道微生物的健康平衡。然而，在某些情況下，擬桿菌的過度生長會導致胃腸道問題，例如腹瀉和其他消化問題。總體來說，擬桿菌是貓腸道微生物群的重要成員，有助於消化過程並有助於維持健康的免疫系統。

梭桿菌（fusobacteria）

梭桿菌是一種天然存在於貓和其他動物胃腸道中的細菌。在貓科動物的大腸中，梭桿菌在膳食纖維的分解和發酵中發揮作用，產生短鏈脂肪酸（SCFA），為結腸內壁細胞提供能量。雖然少量的梭桿菌是有益的，但貓大腸中梭桿菌的過度生長會導致結腸炎和腹瀉等健康問題。

由於高脂肪或低纖維飲食、壓力和某些藥物等多種因素，可能會發生梭桿菌過度生長。因此，保持均衡飲食和提供減壓環境可能有助於防止梭桿菌過度生長並促進健康的貓腸道微生物群。

普雷沃氏菌（prevotella）

　　普雷沃氏菌是一種常見於貓和其他動物胃腸道中的細菌。它屬於擬桿菌門，已知可以發酵複合碳水化合物，產生短鏈脂肪酸（SCFA），例如乙酸鹽、丙酸鹽和丁酸鹽。 這些 SCFA 是結腸內壁細胞的重要能量來源，已被證明具有許多健康益處，包括促進腸道蠕動、調節免疫系統和減少炎症。在貓的大腸中，Prevotella 被發現特別豐富，它有助於分解動物無法消化的複雜植物纖維。除了在發酵中的作用外，普氏菌還與某些參與粘蛋白分解的酶的產生有關，粘蛋白是腸壁粘液層的關鍵成分。這有助於維持腸道屏障的完整性，防止有害細菌侵入腸道組織。

　　雖然普氏菌通常被認為對貓科動物的健康有益，但一些研究表明，腸道微生物組的失衡，包括普氏菌相對豐度的變化，可能與某些健康狀況有關，例如炎症性腸病（IBD）和肥胖症 。

3.6 泌尿生殖系統

乳酸菌（lactobacillus）（狗）

乳酸菌是一種有益細菌，常見於狗的泌尿生殖道中。它是一種乳酸菌，可以從醣類中產生乳酸，有助於維持泌尿生殖道的酸性 pH 環境。 這種酸性環境對於防止有害細菌的生長和促進有益細菌（如乳酸菌）的生長很重要。乳酸桿菌在維持狗泌尿生殖道的健康方面起著至關重要的作用。它有助於防止大腸桿菌和葡萄球菌等致病菌的過度生長，這些致病菌會導致狗的尿路感染和其他泌尿生殖系統問題。 乳酸桿菌還有助於維持泌尿生殖道微生物組的平衡，這對整體健康和福祉至關重要。

除了促進泌尿生殖系統健康外，乳酸菌還可以對狗的免疫系統和消化系統健康產生積極影響。 它通常用作益生菌補充劑，以幫助支持腸道微生物群的健康並促進健康的消化。 總的來說，乳酸菌是狗健康的泌尿生殖系統和消化系統的重要組成部分。

乳酸菌（lactobacillus）（貓）

　　貓科動物的泌尿生殖道中，乳酸桿菌通過產生乳酸和其他防止有害細菌過度生長的抗菌物質來幫助維持健康的微生物平衡。它們在陰道微生物群的產生中也起著至關重要的作用，這對母貓的生殖健康很重要。在雌性貓科動物中，乳酸桿菌在維持陰道pH平衡方面起著至關重要的作用，這有助於防止致病菌的生長和酵母菌感染。它們還有助於促進泌尿生殖道中有益細菌的生長，從而增強免疫系統並降低感染風險。在雄性貓科動物中，泌尿生殖道中也存在乳酸菌，有助於防止有害細菌的生長，但它們的確切作用尚不清楚。 總的來說，乳酸桿菌是有益細菌，在維持貓科動物泌尿生殖道健康方面起著至關重要的作用。

葡萄球菌（staphylococcus）

　　葡萄球菌是一種可以在狗類泌尿生殖道中發現的細菌。雖然它是許多狗體內微生物群的正常組成部分，但如果它過度生長或通過傷口或其他方式進入體內，也會引起感染。在泌尿生殖道，葡萄球菌可引起尿路感染（UTI）、前列腺炎和其他類型的感染。由葡萄球菌引起的尿路感染可導致尿頻、排尿時疼痛或不適以及尿中帶血等症狀。由葡萄球菌引起的前列腺炎可導致排尿困難、下腹部或骨盆區域疼痛或不適以及發燒等症狀。

　　葡萄球菌感染的治療通常涉及抗生素和支持療法。

大腸桿菌（Escherichia coli）

　　大腸桿菌（E. coli）是一種常見於許多動物（包括狗貓）胃腸道中的細菌。在少數情況下，它是腸道微生物組的正常部分，不會造成任何傷害。但是，如果大腸桿菌數量過多，就會導致泌尿道或身體其他部位感染。在狗貓的泌尿生殖道中，大腸桿菌可引起尿路感染（UTI），這在貓中相當常見，尤其是母貓。尿路感染會引起不適、疼痛和其他症狀，例如尿頻和尿血。如果不及時治療，尿路感染會導致更嚴重的併發症，例如腎臟損傷。大腸桿菌感染可以用抗生素治療，但需要注意的是，過度使用抗生素會導致抗生素耐藥性。適當的衛生和定期獸醫檢查有助於預防貓科動物感染。

奇異狗博士知識篇：
寵物的碗放在地上or台階上？

★狗在吃飼料時，飼料碗到底要放哪呢？
★貓在吃飼料時，飼料碗到底要放哪呢？

奇異狗博士 Dr.DC

胃擴張－扭轉（Gastric Dilatation-Volvulus (GDV)）是狗可能會面臨的一種緊急情況，其症狀包括胃部膨脹和扭曲。這通常是由於狗狗吃飯太快，或與攝入空氣有關。高架狗餵食器被認為是減少脹氣風險的解決方案，但最新研究表明，使用高架狗碗可能會增加患胃擴張的風險。在一篇美國獸醫協會國際期刊的研究指出，在大型狗和巨型狗中，升高的碗可能會增加狗的胃擴張。對於像拉布拉多這樣的深胸狗種尤其如此。研究表明，在 20% 的大型狗病例和 52% 的巨型狗病例中，胃脹氣和抬高的食盆之間存在直接相關性。

　　因此，高架碗不建議使用，特別是對於大型狗。建議飼主們應該監督狗狗的飲食，適當地控制飲食速度，並使用低平的食盆。如果狗狗出現任何胃部不適症狀，應立即就醫，以免病情加重導致更嚴重的後果。

地上還是架子上? 都錯喔!
我最喜歡在碗裡面了呢!

CHAPTER 4
益生菌預防寵物疾病

4.1 口腔

　　狗的口腔是各種有益和有害細菌的家園。好的細菌有助於維持口腔的健康平衡，而壞的細菌會導致牙結石、牙齦疾病和蛀牙等牙齒問題。在狗的口腔中發現的最常見的有害細菌之一是變形鏈球菌。這種細菌會產生乳酸作為其新陳代謝的副產品，乳酸會腐蝕牙釉質，導致蛀牙。狗類口腔中常見的其他有害細菌包括牙齦卟啉單胞菌、福賽坦納氏菌和具核梭桿菌，所有這些都會導致牙周病。另一方面，狗類口腔中也存在有益細菌，包括唾液鏈球菌和嗜酸乳桿菌。這些細菌可以幫助保持口腔健康平衡，防止有害細菌的生長。此外，某些益生菌菌株，如動物雙歧桿菌和鼠李糖乳桿菌，已被證明對狗的口腔健康有益，如減少牙菌斑形成和促進牙齦健康。狗口腔疾病的主要原因是牙齒衛生差。這可能包括缺乏定期刷牙、高糖或碳水化合物的飲食以及缺乏獸醫的常規牙齒清潔。此外，某些品種的狗，如玩具狗，由於它們的嘴巴和牙齒較小，更容易出現

牙齒問題。

　　益生菌可以成爲預防狗口腔疾病的有效工具。通過促進有益細菌的生長，益生菌可以幫助維持口腔內的健康平衡並防止有害細菌的生長。除了服用益生菌補充劑外，給狗狗餵食高纖維低碳水化合物的食物也有助於促進口腔健康。狗的口腔是有益細菌和有害細菌的家園。保持這些細菌的健康平衡對於預防口腔疾病至關重要。益生菌，特別是動物雙歧桿菌和鼠李糖乳桿菌等菌株，可以有效促進狗的口腔健康。然而，爲了預防口腔疾病，養成良好的牙齒衛生習慣和健康飲食也很重要。

　　而貓的口腔微生物組與狗和人類的口腔微生物組相似，口腔內棲息著各種細菌。這些細菌可能有益也可能有害，這取決於它們在口腔中的豐度和平衡。貓科動物口腔系統中的有益細菌包括鏈球菌、放線菌和韋榮球菌。鏈球菌是口腔的常見居民，在防止致病菌在口腔定植方面起著至關重要的作用。放線菌產生的抗菌物質有助於防止有害

細菌的生長。Veillonella 物種有助於維持健康的口腔 pH 值並支持其他有益細菌的生長。另一方面，貓科動物口腔系統中的有害細菌包括卟啉單胞菌、梭桿菌和坦納氏菌。已知這些細菌通過在牙齒和牙齦上形成生物膜而導致貓的牙菌斑和牙周病。尤其是卟啉單胞菌與貓牙齦炎和牙周炎密切相關。牙周病是貓最常見的口腔疾病之一，影響高達一半以上的成年貓。它是由牙齒上的牙菌斑和牙垢堆積引起的，導致牙齦發炎和牙齒支持組織的破壞。貓牙周病的其他危險因素包括年齡、品種、飲食和遺傳。

　　益生菌可以通過恢復口腔中細菌的健康平衡來幫助預防貓的口腔疾病。研究表明，使用益生菌可以減少貓牙菌斑的形成並改善牙齦健康。已證明對貓口腔健康有益的特定益生菌菌株包括嗜酸乳桿菌、唾液鏈球菌和乳雙歧桿菌。除了益生菌，其他預防貓口腔疾病的策略還包括定期檢查牙齒、清潔牙齒和均衡飲食。為貓提供咀嚼玩具和牙科零食也有助於減少牙菌斑的形成，促進牙齒和牙齦健

Chapter 1
寵物生命全展開

Chapter 2
益生菌的世界

Chapter 3
狗貓菌相大公開

Chapter 4
益生菌預防寵物疾病

Chapter 5
寵物益生菌的食用方法

康。總體來說，保持健康的口腔微生物群對貓的整體健康和福祉至關重要。通過促進口腔中有益細菌的健康平衡，益生菌可以在預防口腔疾病和改善貓科動物的口腔健康方面發揮重要在寵物口腔最常見的疾病為牙周感染大約，70%～80% 的寵物在其一生中都會遭受這些疾病的煩擾。而這些感染以兩種形式發生，分別為牙齦炎和牙周炎。牙齦炎是一種可以治癒的牙齦炎症。而寵物與人類相同，有害的細菌也會引起心臟、肝臟和腎臟等器官的感染，因此主人的日常護理是非常重要的。

1. 一個研究團隊用九隻貓和十三隻狗做一個完整的實驗，寵物每天餵食益生菌（嗜熱鏈球菌 SP4、植物乳桿菌14D和鼠李糖乳桿菌 SP1的組合），整個試驗持續四個星期。在經過數據分析後，結果證明使用這些特定的益生菌可以在4週內防止感染性細菌的生長。主要原因是益生菌降低了寵物體內傳染性微生物的相對數量。也直接說明益生菌可用於改善寵物的口腔健

康並提高它們的生活質量。

2. 在另一項2022年的研究中，更精準地去分析益生菌對牙周病原體和細胞因子水平的影響，在此次實驗中五種益生菌（Lacticaseibacillus paracasei SD1、L. rhamnosus SD4、L. rhamnosus SD11 和 Limosilactobacillus fermentum SD7）準備對狗模型進行隨機、雙盲、測試，而實驗隨機抽取 20 隻患有輕度牙齦炎的狗分配到益生菌組或對照組。而實驗結果相當正面在使用益生菌的組別均可誘導human β-defensins-2-4、interleukin-1β、interleukin-6、interleukin-8 and tumor necrosis factor-α（人β-防禦素-2-4、白細胞介素-1β、白細胞介素-6、白細胞介素-8、腫瘤壞死因子-α）在人牙齦上皮細胞中的表達，直接證明了益生菌是有淺力做為牙周病治療的選項之一。

3. 另一個比較特別的實驗是，一隻米格魯有牙周骨缺

Chapter 1
寵物生命全展開

Chapter 2
益生菌的世界

Chapter 3
狗貓菌相大公開

Chapter 4
益生菌預防寵物疾病

Chapter 5
寵物益生菌的食用方法

陷的問題，研究員使用局部益生菌Streptococcus sanguinis, Streptococcus salivarius, and Streptococcus mitis（血鏈球菌、唾液鏈球菌和草綠色鏈球菌），來替代原先的療法，已開啟牙周骨缺陷的另一種治療想法。

寵物口腔益生菌的實驗，不像其他疾病那麼的完全，相信未來會有越來越多的科學家去做一系列的研究，除了益生菌以外像是植物化學物質，例如生物鹼、單寧酸都可以改善口腔衛生和預防牙齦疾病、蛀牙和牙周炎不過最重要的還是毛爸、毛媽要持之以恆的每天做好毛小孩的口腔清潔才是最重要的。

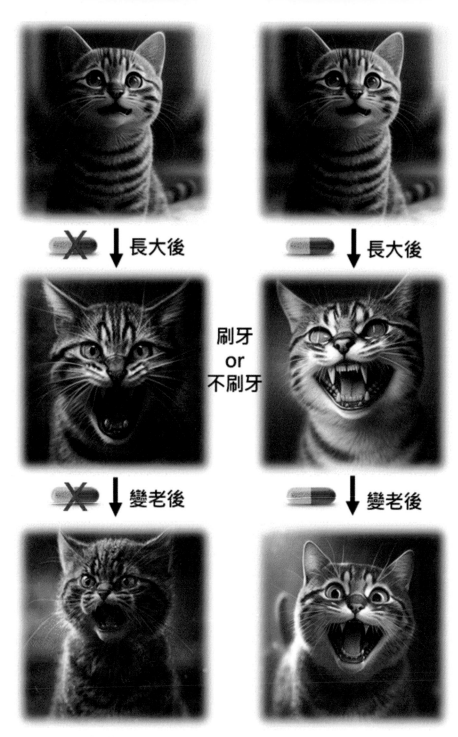

口腔疾病，服用益生菌有預防的效果

文獻出處：

1. Mäkinen VM, Mäyrä A, Munukka E. Journal of Cosmetics, Dermatological Sciences and Applications. 2019 Oct 22;9(04):275.

2. Pahumunto N, Duangnumsawang Y, Teanpaisan R. Archives of Oral Biology. 2022 Oct 1;142:105513.

3. Gupta RC, Gupta DM, Lall R, Srivastava A, Sinha. Nutraceuticals in Veterinary Medicine. 2019:447-66.

4.2 腸胃道

　　狗的胃腸（GI）系統在消化、吸收和消除體內營養物質方面起著至關重要的作用。消化道是一條長管，起於口腔，止於肛門，包括食道、胃、小腸、大腸、直腸和肛門。 GI 系統的每個部分都有特定的功能，有助於整體營養吸收和利用。

　　而貓科動物的胃腸（GI）系統負責消化和吸收食物中的營養物質。該系統由口腔、咽、食道、胃、小腸、大腸、直腸和肛門組成。貓科動物胃腸道系統的解剖學和生理學與其他哺乳動物略有不同，了解這些差異對於胃腸道疾病的診斷和管理非常重要。

　　貓科動物的胃相對較小，它有一個簡單的腺體結構，不像其他哺乳動物那樣有一個單獨的酸分泌區域。貓胃的pH 值呈強酸性，約為 1-2，這有助於蛋白質的分解。

Chapter 1
寵物生命全展開

Chapter 2
益生菌的世界

Chapter 3
狗貓菌相大公開

Chapter 4
益生菌預防寵物疾病

Chapter 5
寵物益生菌的食用方法

幾種常見狗的胃腸道系統疾病包括：

1. 胃腸炎：胃腸炎是胃腸道的炎症，可由病毒或細菌感染、食物不耐受或過敏，或攝入毒素引起。症狀包括嘔吐、腹瀉、食慾不振、嗜睡和脫水。

2. 炎症性腸病（IBD）：IBD 是一種胃腸道慢性炎症，可由對腸道細菌的異常免疫反應、食物不耐受或遺傳易感性引起。症狀包括嘔吐、腹瀉、體重減輕，有時還有便血。

3. 胰腺炎：胰腺炎是一種胰腺炎症，可由高脂肪飲食、肥胖、某些藥物或遺傳引起。症狀包括嘔吐、腹瀉、食慾不振、腹痛和脫水。很多疾病的發生都已經證實是因為菌相不平衡而慢慢導致而成的我們將描述胃腸道系統中發現的一些最常見的好細菌和壞細菌、它們的功能以及它們如何影響腸道。

幾種常見貓的胃腸道系統疾病包括：

1. 貓炎症性腸病（IBD）：IBD 是一組以消化道炎症為特徵的慢性胃腸道疾病。這種情況是由對某些食物成分、細菌或其他抗原的異常免疫反應引起的。IBD是貓最常見的胃腸道疾病之一，影響大約 1-3% 的貓科動物。貓的IBD症狀包括嘔吐、腹瀉、體重減輕和食慾不振。

2. 貓便祕：便祕是貓的常見胃腸道問題，尤其是老年貓。它發生在糞便太乾太硬，使貓難以排便時。貓便祕的常見原因包括脫水、低纖維飲食和某些藥物。貓便祕的症狀包括排便用力、排出小便或硬便以及嗜睡。

3. 貓胃炎：胃炎是胃粘膜的炎症，可以是急性或慢性的。貓的急性胃炎通常是由飲食突然改變、食物不耐受或攝入異物引起的。另一方面，慢性胃炎通常是由炎症性腸病、胰腺炎或肝病等潛在疾病引起的。貓胃

Chapter 1
寵物生命全展開

Chapter 2
益生菌的世界

Chapter 3
狗貓菌相大公開

Chapter 4
益生菌預防寵物疾病

Chapter 5
寵物益生菌的食用方法

炎的症狀包括嘔吐、腹瀉、食慾不振和嗜睡。

而常常造成狗貓GI系統疾病的壞細菌有：

1. 大腸桿菌（E. coli）：雖然某些大腸桿菌菌株是有益的，但其他菌株會導致嚴重的疾病和疾病。有害的大腸桿菌菌株常見於受汙染的食物和水源中，可引起腹瀉、嘔吐和發燒等症狀。

2. 沙門氏菌：這種細菌常見於受汙染的食物來源，例如生禽肉和雞蛋。沙門氏菌可引起嚴重的腹瀉、發燒和腹部絞痛。

3. 艱難梭菌：這種類型的細菌常見於醫療機構，可引起嚴重的腹瀉和結腸炎症。它通常與過度使用抗生素有關。

相反的對寵物系統有好處的常見益生菌有：

1. 動物雙歧桿菌亞種 乳酸雙歧桿菌（B. lactis）：乳

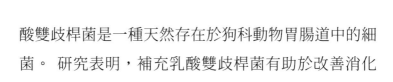

　　酸雙歧桿菌是一種天然存在於狗科動物胃腸道中的細
　　菌。 研究表明，補充乳酸雙歧桿菌有助於改善消化
　　系統健康並減少狗腹瀉的發生率。

2. 嗜酸乳桿菌（L. acidophilus）：嗜酸乳桿菌是一種
　　常見於狗科動物胃腸道的細菌。研究表明，補充嗜酸
　　乳桿菌有助於改善消化系統健康並減少狗腹瀉的發生
　　率。

3. 糞腸球菌（糞腸球菌）：糞腸球菌是一種天然存在於
　　狗科動物胃腸道中的細菌。 研究表明，補充糞腸球
　　菌有助於改善消化系統健康並減少狗腹瀉的發生率。

　　而科學家們爲了證實益生菌對寵物的腸胃道系統有正
向的影響做了一系列的研究：

1. 一項研究發現，與對照組相比，給予含益生菌
　　的狗腹瀉發生率顯著降低，原因是IBD經常性伴
　　隨著肝臟或皮膚等其他器官的炎症變化，而益

Chapter 1
寵物生命全展開

Chapter 2
益生菌的世界

Chapter 3
狗貓菌相大公開

Chapter 4
益生菌預防寵物疾病

Chapter 5
寵物益生菌的食用方法

生菌可降低IL6（interleukin-6），並增加IL10
（interleukin-10），進而導致疾病可以有好轉的跡
象。

2. 在同樣患有 IBD 的狗中餵食益生菌做為腸胃道保護
作用，實驗結果也發現，餵食益生菌的組別，IBD
狀況大幅度地緩解，原因是調節性 T 細胞的標記物
（FoxP3+ 和 TGF-b+）有所增強。

3. 在另一試驗，是在動物收容所裡的預防試驗，由於收
容所的動物，常常發生腹瀉問題，因此導致清潔上以
及管理上要付出很大的成本，此研究讓寵物補充益生
菌以及益生元想藉由預防的效果降低收容所的成本，
其結果證明收容所的動物在服用補充品後，大幅度降
低了腹瀉的機率，直接改善動物的居住福利，此結果
直接證明益生菌產品，有預防性腹瀉的效果。

4. 另一間動物收容所也進行了大規模的益生菌實驗實驗
總共有217隻貓和182隻狗參加此實驗。收容所的狗和

貓被安置在2個獨立房間中。 在4週的時間裡，1 個房間的動物被餵食SF68益生菌，而另一個房間的動物被餵食安慰劑。在1週的清除期後，動物換房間繼續進行實驗，研究又繼續進行了4週。結果證明與安慰劑組（20.7%）相比，益生菌組（7.4%）腹瀉 $\geq$ 2 天的貓的百分比顯著降低（P= .0297）。未檢測到狗組之間的統計差異，但在研究期間，兩組狗的腹瀉都不常見。結論與對照組相比，餵食 SF68 的貓腹瀉 $\geq$ 2 天的次數較少，這表明益生菌胃腸道是有一定的益處。

5. 另一項實驗讓寵物（33隻寵物）在飲食中，補充了益生菌動物雙歧桿菌 AHC7（2×10^{10} CFU/day）與接受安慰劑的狗相比，有服用益生菌的寵物，其急性腹瀉的緩解速度顯著（P < .05）比沒服用的更快。並且在德國牧羊狗和拉布拉多獵狗的菌相檢驗中，也觀察到了此益生菌的存在，也直接證明益生菌對易患胃

Chapter 1
寵物生命全展開

Chapter 2
益生菌的世界

Chapter 3
狗貓菌相大公開

Chapter 4
益生菌預防寵物疾病

Chapter 5
寵物益生菌的食用方法

腸道疾病的狗具有潛在的健康益處。

6. 在另一個研究中，調查了六隻患有非特異性飲食敏感性（NSS）的成年德國短毛連續接受飲食中添加益生菌（6x10^6 cfu/g）的飲食，每隻持續 12 週，然後是另一個爲期4週的對照期。最後結果測定排便頻率、糞便質量和營養消化率等三種數值。研究發現，飼餵益生菌不僅可改善糞便稠度、糞便乾物質和排便率，也可以增加乳酸桿菌和雙歧桿菌的在體內數量上的增加，從這試驗可以得出嗜酸乳桿菌 DSM 13241 可以穩定 患有NSS 的寵物其消化過程。

從以上的眞實的動物實驗都發現，益生菌對寵物的腸胃道有非常好的益處，當然除了益生菌，從其他飲食改變也可能有助於預防寵物的胃腸道疾病。這可能包括餵養富含纖維和其他支持胃腸道健康的營養素的優質均衡飲食。

Tabby

不便便

大不出

一段時間後

益生菌

好舒暢

一堆便

腸胃疾病，服用益生菌有舒緩的效果

Chapter 1
寵物生命全展開

Chapter 2
益生菌的世界

Chapter 3
狗貓菌相大公開

Chapter 4
益生菌預防寵物疾病

Chapter 5
寵物益生菌的食用方法

文獻出處：

1. Malewska K, Rychlik A, Nieradka R, Kander M. Polish Journal of Veterinary Sciences. 2011.

2. Rossi G, Pengo G, Caldin M, Palumbo Piccionello A, Steiner JM, Cohen ND, Jergens AE, Suchodolski JS. PloS one. 2014 Apr 10;9 (4): e94699.

3. Rose J, Gosling S, Holmes M. Journal of Veterinary Internal Medicine. 2017 Mar;31(2): 377-82.4.

4. Bybee SN, Scorza AV, Lappin MR. Journal of Veterinary Internal Medicine. 2011 Jul;25(4): 856-60.

5. Kelley RL, Minikhiem D, Kiely B, O'Mahony L. Veterinary Journal. 2009;10(3): 121-30.

6. Pascher M, Hellweg P, Khol-Parisini A, Zentek J. Archives of animal nutrition. 2008 Apr 1;62(2): 107-16.

4.3 皮膚

　　皮膚是狗體內最大的器官，在抵禦各種有害物質方面起著至關重要的作用。 皮膚是多種微生物群落的家園，包括有益菌和致病菌。 這些細菌的平衡對於保持健康的皮膚和預防皮膚病至關重要。 在本節中，我們將討論狗科動物皮膚系統中的好細菌和壞細菌、它們的功能以及它們如何影響皮膚系統。

　　好細菌：

1. 表皮葡萄球菌：這種細菌常見於健康狗的皮膚上，對維持皮膚的屏障功能起著至關重要的作用。它產生各種抗菌肽，保護皮膚免受有害細菌和眞菌的侵害。

2. 痤瘡丙酸桿菌：這種細菌常見於皮膚的皮脂腺中，有助於調節皮脂分泌，防止在油性環境中滋生的有害細菌過度生長。

3. 鏈球菌：這些細菌在維持皮膚的 pH 平衡、防止致病

Chapter 1
寵物生命全展開

Chapter 2
益生菌的世界

Chapter 3
狗貓菌相大公開

Chapter 4
益生菌預防寵物疾病

Chapter 5
寵物益生菌的食用方法

菌過度生長方面發揮著重要作用。

有害細菌：

1. 金黃色葡萄球菌：這種細菌是狗科動物皮膚上最常見的致病菌之一。它會產生各種毒素和酶，這些毒素和酶會導致皮膚感染和發炎。

2. 銅綠假單胞菌：這種細菌常見於土壤和水中，可引起各種皮膚感染，包括熱點和膿皮病。

3. Malassezia pachydermatis：這種酵母常見於狗科動物的皮膚上，在各種皮膚病（包括脂溢性皮炎和外耳炎）的發展中發揮作用。

狗科動物的皮膚病可能由於各種原因而發生，包括過敏、感染和寄生蟲。皮膚微生物群落平衡的破壞也會導致皮膚病。益生菌可通過恢復皮膚微生物群落的平衡來預防皮膚病。某些益生菌菌株，如嗜酸乳桿菌和雙歧雙歧桿菌，已被

證明可以改善皮膚的屏障功能並防止病原菌過度生長。這些益生菌可以口服或局部給藥，以促進皮膚健康。

而皮膚是也是貓身體最大的器官，可作為抵禦病原體和過敏原等外部威脅的屏障。皮膚也是各種有益細菌的家園，這些細菌被稱為共生菌，它們在維持皮膚健康和貓的整體健康方面起著至關重要的作用。根據它們對皮膚和貓的健康的影響，這些共生細菌可以分為「好」或「壞」。

「好」細菌的一個例子是表皮葡萄球菌，它是貓科動物皮膚上常見的共生細菌。眾所周知，這種細菌會產生抗菌肽，有助於保護皮膚免受有害病原體的侵害。此外，S. epidermidis 參與調節貓的免疫反應，以防止炎症和促進皮膚癒合。

另一方面，金黃色葡萄球菌等「壞」細菌會導致貓的皮膚感染和其他皮膚病。金黃色葡萄球菌產生的毒素會損害皮膚並引起炎症，從而導致膿皮病和皮炎等病症。

有多種因素可導致貓患皮膚病，包括過敏、寄生蟲、

荷爾蒙失調和遺傳。 此外，過度使用抗生素和其他藥物會破壞皮膚上共生細菌的平衡，導致有害細菌過度生長並增加對皮膚感染的易感性。

　　益生菌已被證明可有效促進貓皮膚上有益共生菌的生長，這有助於預防皮膚病並改善整體皮膚健康。 研究表明，乳酸菌和雙歧桿菌對支持貓的皮膚健康特別有效，因為這些細菌會產生抗菌物質並增強皮膚的屏障功能。

　　以下證明了益生菌對寵物皮膚有良好的正面反應：

1. 在2022最新的一份位於University of Aydin Adnan Menderes獸醫學院，進行了益生菌對貓搔癢程度的實驗。實驗中共有10隻患有瘙癢性皮膚病的貓，被餵食含有孢桿菌的益生菌，經過10天以後進行實驗分析，結果顯示所有實驗中的貓，其搔癢程度的嚴重程度全部轉變為輕度狀態。結果證明益生菌對貓有減輕皮膚搔癢的症狀。

2. 在另一項試驗中實驗主要評估鼠李糖乳桿菌菌株

GG，是否有緩解或預防遺傳性異位性皮膚炎（AD）臨床症狀的功效。實驗中將2隻患有嚴重 AD 的成年比格狗和 16 隻幼狗當作試驗對象。在實驗一開始，都對狗進行了表皮致敏的檢查。之後每6週從小狗身上採集血樣，已測量過敏原特異性 IgE 的血清數據。在小狗6個月大時，對臨床症狀進行分析。而結果顯示在服用益生菌的小狗，其過敏原特異性 IgE 血清滴度明顯較低，對皮內測試的反應也較輕，此試驗直接證明了給幼狗服用鼠李糖乳桿菌GG降低了AD的免疫學指標。

3. 在另一項試驗中也使用了相同的益生菌做幼狗預防性異位性皮膚炎的試驗，此實驗總共分析了服用益生菌的九隻狗和未服用益生菌的七隻狗。從臨床評分數據中顯示，使用益生菌的群組其過敏原遠低於未服用的對照組，此數據跟上一篇文獻相同，也證明了早期接觸益生菌是對狗類有預防皮膚炎的效果。

Chapter 1
寵物生命全展開

Chapter 2
益生菌的世界

Chapter 3
狗貓菌相大公開

Chapter 4
益生菌預防寵物疾病

Chapter 5
寵物益生菌的食用方法

4. 在另一項臨床實驗中，19家動物醫院招募了41
   隻患有輕度至中度皮膚炎的狗，實驗組服用了
   Lactobacillus paracasei K71益生菌，服用時間為
   12週，在12週後進行分析，實驗數據顯示，在服用益
   生菌的實驗組K71組，瘙癢評低於對照組，也證明益
   生菌可以協助減輕皮膚炎的程度。

5. 在另一項研究中，也同樣是患有皮膚炎的狗，在服用
   益生菌菌株 Lactobacillus sakei probio-65 2個月
   後，其皮膚炎的症狀比沒有服用的對照組，顯著降低
   了嚴重程度指數。

　　在所有的臨床數據，都直接證明益生菌對寵物皮膚的
益處，保持皮膚上共生細菌的健康平衡對於狗以及貓的健
康和福祉至關重要。不過在預防狗與貓的皮膚病時，最重
要的還是主人的堅持以及耐心，並且需要一起找到最適合
您毛小孩個體需求的益生菌解決方案。

皮膚感染，服用益生菌有舒緩的效果

文獻出處：

1. Ural K, Erdogan H, Erdogan S. International Journal of Veterinary. and Animal Research（IJVAR）. 2022 Aug 27;5(2): 89-93.

2. Marsella R. 2009 Jun 1;70(6) : 735-40.

3. Marsella R, Santoro D, Ahrens K. Veterinary immunology and. immunopathology. 2012 Apr 15;146(2) : 185-9.

4. Ohshima　Terada Y, Higuchi Y, Kumagai T, Hagihara A, Nagata. M. Veterinary dermatology. 2015 Oct;26(5): 350-e75.

5. Kim H, Rather IA, Kim H, Kim S, Kim T, Jang J, Seo J, Lim J, Park YH. Journal of microbiology and biotechnology. 2015;25(11): 1966-9.

4.4 泌尿系統

　　狗科動物的泌尿道由腎臟、輸尿管、膀胱和尿道組成，它們共同作用以清除體內的廢物和多餘液體。泌尿道中可以發現多種微生物，它們的存在既有積極影響，也有消極影響。泌尿道中的有益細菌包括乳酸桿菌，它常見於腸道，也可能存在於泌尿道中。這種細菌有助於維持健康的 pH 平衡，從而防止有害細菌的生長。 它還會產生乳酸，進一步幫助抑制有害微生物的生長。另一方面，泌尿道中的有害細菌包括大腸桿菌，它是狗尿路感染（UTI）的常見原因。 這種細菌通常存在於腸道中，但當它進入泌尿道時，會引起炎症和感染。其他可引起狗尿路感染的細菌包括葡萄球菌和鏈球菌。狗的尿路感染可能由多種因素引起，包括細菌感染、膀胱結石和解剖異常。UTI 的症狀可能包括尿頻、排尿用力、尿血以及排尿時疼痛或不適的跡象。

　　有幾個因素會導致腸道微生物群的變化和狗腎臟疾病的發展。這些包括飲食、藥物、感染和環境毒素。

　　而貓的泌尿道系統也是其整體健康的重要組成部分，與身體的任何其他部位一樣，它受到好細菌和壞細菌的影響。泌尿道是一個複雜的器官和結構系統，有助於清除體內廢物，包括腎臟、輸尿管、膀胱和尿道。當細菌在這個系統中生長和增殖時，它會導致各種問題，包括尿路感染和膀胱結石。貓泌尿道疾病的主要原因之一是缺乏適當的水合作用，這會導致晶體和結石的形成。 其他因素包括壓力、潛在的健康狀況和遺傳。餵養高質量、均衡的飲食並確保您的貓喝足夠的水可以幫助預防泌尿道疾病。

　　而腎臟是貓科動物體內的重要器官，有助於清除血液中的廢物和多餘液體。與其他身體系統一樣，腎臟也被各種各樣的微生物群落所定殖，這些微生物群落在維持其健康和功能方面發揮著重要作用。尿路感染是貓腎臟疾病的常見原因，如果不及時治療可能會導致腎臟受損。有幾

個因素會導致貓患腎病，包括年齡、品種和潛在的健康狀況。 貓腎病的一些最常見原因包括尿路感染、慢性腎病和腎結石。 此外，某些藥物和毒素也會損害腎臟。

在近幾年，有數多起臨床實驗，證明益生菌有預防以及減輕泌尿道系統的功能：

1. 一項研究對患有慢性腎病（CKD）的狗做益生菌治療總共參與實驗的有60隻小狗試驗使用Lactobacillus（L. casei, L. plantarum, L. acidophilus, and L. delbrueckii subsp. bulgaricus）, 3 strains of Bifidobacterium（B. longum, B. breve, and B. infantis）, and 1 strain of Streptococcus salivarius subsp混合益生菌進行兩個月的試驗，在最終實驗結束後服用益生菌的小狗大幅度減緩腎臟疾病顯示出的數據，直接證明益生菌是對改善慢性腎臟疾病的效果。

2. 在另一個有趣的臨床實驗中，一隻 7 歲絕育的雌性

英國可卡狗患有慢性腎臟病（CKD）。在這個案例中使用口服益生菌Bifidobacterium bifidum, Lactobacillus fermentum, L. aci- dophilus, L. casei, Enterococcus faecium, L. plantrum, Pediococcus acidilacticii。在不同的時間點0、30、60、90、120、150以及180天測出不同的身體數據後進行分析，數據顯示，口服益生菌補充劑有助於降低血液尿素氮（BUN）水平，也直接證明患有CKD 的狗可以藉由口服益生菌補充劑，這種替代療法有望延緩慢性腎病的病況。

3. 在另一寵物試驗中，不僅在口服實驗中加入益生菌（嗜酸乳桿菌）並且加入益生元（低聚果糖）和抗氧化劑（油橄欖提取物）對患有慢性腎病（CKD）的狗做實體試驗。總共30隻作為試驗對象，實驗週期為90天，經過90天以後，我們記錄到服用補充劑的組別，在試驗過程中其血漿蛋白水平顯著改善，血磷、收縮

壓、BUN、蛋白尿和尿蛋白肌酐比值也降低，並且實
驗組炎症和氧化應激相關的參數都低於對照組。整個
結果都證明，該益生菌補充劑可以維持正確的營養狀
況，並改善患有晚期CKD狗的血液和腎臟參數。

4. 另一個實驗也做了使用膳食補充劑（calcium
carbonate, calcium lactate-gluconate, chitosan,
sodium bicarbonate, Lactobacillus acidophilus
D2/CSL, Olea europaea L. extract, and
fructooligosaccharides）對晚期慢性腎臟病狗的
療效。三十隻狗參加了這項研究並且服用補充劑90
天，最後進行了血液學、生化和尿液分析。而結果也
直接顯示益生菌補充劑對晚期CKD狗的尿毒症、磷
酸鹽、酸鹼平衡、血壓、炎症和氧化壓力有良好的控
制。

5. 另一個研究也是針對益生菌在治療狗慢性腎病方面的
療效。這次試驗也是經過口服給患有慢性腎病的狗

施用選定的益生菌（Streptococcus thermophilus, Lactobacilus acidophilus, and Bifidobacterium longumand）來改善腎功能疾病。實驗證明此種益生菌支持有益菌的生長，改善腸道健康，並抑制有害菌的生長，從而減少毒素。使原本擁有慢性腎臟病的狗，在服用過後，有減輕舒緩的效果。

狗與貓的泌尿系統被各種有益和有害的微生物群落定殖。若在微生物不平衡的狀況下很容易引起寵物的泌尿以及腎臟疾病，如果不加以治療，可能會導致器官受損。而經過不同科學家證實特定菌株的益生菌可以通過促進泌尿系統中有益細菌的生長和防止有害細菌的生長，來幫助預防寵物的泌尿疾病。由於寵物並不會表達自己的想法，主人更應該小心仔細的觀察我們毛小孩的身體狀況，以免疾病發生。

Tabby

泌尿
發炎

亂尿尿

一段時間後

好舒服

益生菌

尿紅紅

泌尿道疾病，服用益生菌有舒緩的效果

文獻出處：

1. Lippi I, Perondi F, Ceccherini G, Marchetti V, Guidi G. The Canadian Veterinary Journal. 2017 Dec;58(12): 1301.

2. Jo S, Kang M, Lee K, Lee C, Kim S, Park S, Kim T, Park H. Journal of Biomedical and Translational Research. 2014;15(1): 40-3.

3. Meineri G, Saettone V, Radice E, Bruni N, Martello E, Bergero D. Italian Journal of Animal Science. 2021 Jan 1;20(1): 1079-84.

4. Martello E, Perondi F, Bruni N, Bisanzio D, Meineri G, Lippi I. Veterinary Sciences. 2021 Nov;8(11): 277.

5. Thakur K, Dhoot VM, Bhojne GR, Upadhye SV, Somkuwar AP. Effect of probiotic on hemato-biochemical alterations in dogs with chronic kidney disease. 2021.

4.5 體重

　　肥胖是狗科動物的常見問題，當狗消耗的卡路里多於通過體力活動消耗的卡路里時，就會發生肥胖。有多種原因會導致狗類變得超重。一些最常見的因素是過度餵食、久坐不動的生活方式和某些疾病，如甲狀腺功能減退症。此外，拉布拉多獵狗、比格狗和臘腸狗等品種由於遺傳原因更容易肥胖。

　　肥胖會對狗類的健康產生重大影響。它會導致一系列疾病，例如糖尿病、骨關節炎、呼吸系統疾病和心血管疾病。狗類肥胖還會降低它們的活動能力並增加受傷風險，從而影響它們的生活質量。超重的狗類也可能會遭受免疫系統功能下降的困擾，使它們更容易受到各種感染。

　　益生菌可以起到預防狗科動物肥胖的作用。最近的一些研究指出，補充益生菌的飲食可以改善狗的葡萄糖代謝並減輕體重。益生菌有助於調節腸道微生物群，這會對狗的新陳代謝和免疫系統產生重大影響。一些益生菌菌株，

Chapter 1
寵物生命全展開

Chapter 2
益生菌的世界

Chapter 3
狗貓菌相大公開

Chapter 4
益生菌預防寵物疾病

Chapter 5
寵物益生菌的食用方法

如嗜酸乳桿菌和動物雙歧桿菌，已被證明可以通過改善營養物質的消化和吸收來減少狗科動物的體重增加。

　　除益生菌外，定期運動和均衡飲食對於預防狗科動物肥胖至關重要。主人應該監控他們的狗的食物攝入量，避免給他們餵食殘羹剩飯或高熱量食物。狗科動物也應該隨時都能喝到乾淨的水。鍛鍊應根據狗的品種、年齡和身體狀況進行調整。定期獸醫檢查還可以幫助確定可能導致狗類肥胖的任何潛在醫療狀況。

　　肥胖是狗類的一個重要問題，可導致一系列疾病並對它們的生活質量產生負面影響。定期鍛鍊、均衡飲食和益生菌可以幫助預防肥胖並保持狗科動物的健康體重。對於狗主人來說，了解肥胖的跡象並採取適當的措施來控制寵物的體重以促進長壽和健康的生活至關重要。

　　有多種益生菌已顯示出有助於預防狗科動物肥胖的潛力。一種這樣的益生菌是動物雙歧桿菌亞種。乳酸（B-420）。研究表明，這種特殊的益生菌菌株可以通過減少

超重狗的脂肪量和增加瘦肌肉量來幫助促進減肥和改善身體成分。B-420 通過減少體內炎症起作用，據信炎症在肥胖發展中發揮作用。

另一種用於預防狗科動物肥胖的潛在益生菌菌株是鼠李糖乳桿菌（LR）。研究表明，LR可以幫助調節食慾並減少超重狗的食物攝入量。LR通過在腸道中產生短鏈脂肪酸（SCFA）發揮作用，這與體重管理有關。

除了這些特定的益生菌菌株外，多菌株益生菌補充劑也有利於預防狗科動物肥胖。各種益生菌的組合可以幫助促進健康的腸道微生物群並改善營養吸收，從而有助於體重管理。

重要的是要注意，雖然益生菌可以成爲預防狗科動物肥胖的有用工具，但它們應該與均衡飲食和定期運動結合使用。狗科動物肥胖是一個多因素問題，解決該問題的各個方面對於有效預防和管理至關重要。

而肥胖在貓科動物也是一個重大的健康問題，影響著

Chapter 1
寵物生命全展開

Chapter 2
益生菌的世界

Chapter 3
狗貓菌相大公開

Chapter 4
益生菌預防寵物疾病

Chapter 5
寵物益生菌的食用方法

全世界很大一部分家貓。貓肥胖的主要原因是能量攝入和能量消耗之間的不平衡，這可能是由多種因素引起的，包括久坐不動的生活方式、過度餵食和遺傳易感性。貓的超重和肥胖會導致廣泛的健康問題，包括糖尿病、心血管疾病、呼吸系統問題和關節問題。除了這些健康問題外，超重的貓患泌尿道疾病、皮膚病和脂肪肝的風險也會增加。

糖尿病是與貓科動物肥胖相關的最常見的健康問題之一。肥胖與糖尿病之間的聯繫已得到充分證實，超重的貓患糖尿病的風險高於體重健康的貓。這種聯繫背後的確切機制尚不完全清楚，但被認為與胰島素抵抗和慢性炎症有關。貓的糖尿病可以通過胰島素治療和飲食改變來控制，但預防是關鍵，體重管理是預防貓糖尿病的重要組成部分。

心血管疾病是超重和肥胖貓的另一個問題。超重會給心臟帶來壓力，並可能導致高血壓、心臟病和中風。肥胖的貓也有更高的風險患上呼吸道疾病，例如哮喘和支氣管

炎，因為額外的重量會給肺部帶來壓力。

　　關節問題也是超重貓的常見問題。額外的重量會對關節造成壓力，從而導致關節炎和其他關節疾病。此外，超重的貓更容易出現皮膚問題，例如感染和皮炎，因為皮膚的褶皺會吸收水分和細菌。

　　益生菌已被證明在預防和管理與貓肥胖相關的健康問題方面具有潛在益處。益生菌是活的微生物，當攝入足量時，可以為宿主帶來健康益處。研究表明，益生菌可以提高肥胖貓的胰島素敏感性並減少炎症，這可能有助於預防糖尿病的發展。此外，益生菌已被證明對心血管健康、降低血壓和改善血脂水平有積極作用。

　　此外，益生菌已被證明可以通過減少炎症和防止軟骨退化來改善超重貓的關節健康。益生菌還可以通過促進健康的皮膚微生物組來預防皮膚感染和其他皮膚病問題。

　　已證明對貓肥胖管理有效的特定益生菌菌株包括嗜酸乳桿菌、動物雙歧桿菌和鼠李糖乳桿菌。這些菌株已被證

明可以改善超重貓的葡萄糖耐量、減少炎症和改善血脂狀況。 然而，需要進一步的研究來確定用於貓肥胖管理的益生菌補充劑的最佳劑量和持續時間。

　　總之，貓科動物肥胖是一個重大的健康問題，可導致一系列健康問題，包括糖尿病、心血管疾病、呼吸系統疾病、關節問題、皮膚問題和泌尿道疾病。益生菌有可能通過提高胰島素敏感性、減少炎症、改善脂質分佈和防止軟骨退化來預防和管理許多這些健康問題。益生菌的特定菌株，包括嗜酸乳桿菌、動物雙歧桿菌和鼠李糖乳桿菌，已顯示出在貓肥胖管理中的前景。然而，需要更多的研究來確定益生菌在貓肥胖症預防和管理中的最佳使用。

1. 在一項研究為了證實糖尿病與狗類腸道微生物組成有相關因此從6隻診斷出具有糖尿疾病的狗做腸道實驗 實驗持續12週，每隔2週收集一次。最終實驗數據指出 多種 absolute sequence variant（ASV）與時間呈負相關（Clostridium sensu

stricto 1, Romboutsia, Collinsella）和正相關
（Streptococcus, Bacteroides, Ruminococcus
gauveauii, Peptoclostridium），兩種 ASV 與果糖
胺（Enterococcus, Escherichia-Shigella）呈正相
關。也代表胃腸道微生物組成與狗的糖尿病進展或控
制具有相關連。

2. 另一項2022年最新的試驗，是將24隻小獵狗服用
Akkermansia muciniphila（A. muciniphila）益
生菌，而整個實驗耗時10個星期，最終實驗數據顯示
A. muciniphila 益生菌增加了比格狗的厚壁菌門／
擬桿菌門（F/B）比率，並有效地控制了體重，這項
研究直接證明了，益生菌可以有效的預防肥胖。

3. 在另一個特別的實驗中，不是為了讓狗減重，而是
希望益生菌可以讓狗有更好的消化，讓老年狗增
重，這個實驗一共有90隻狗，根據狗的年齡分為三
組（老年組，n = 30；年輕組，n = 24；和訓練組，

Chapter 1
寵物生命全展開

Chapter 2
益生菌的世界

Chapter 3
狗貓菌相大公開

**Chapter 4
益生菌預防寵物疾病**

Chapter 5
寵物益生菌的食用方法

n = 36）。 實驗組餵食複方益生菌（Lactobacillus casei Zhang, Lactobacillus plantarum P-8, and Bifdobacterium animalis subsp. lactis V9）。 並在益生菌給予後的 0、30 和 60，以及停止益生菌治療後 的第15天提取實驗數據。結果表明，益生菌顯著促進了平均每日飼料老年狗的攝入量和所有狗的平均日增重，提高血清IgG、IFN-α和糞便SIgA的水平，同時降低了TNF-α。此外，益生菌可以改變老年狗的腸道微生物結構，讓益菌顯著增加並減少有害細菌，而其是在老年狗對益生菌的反應最強，也證明益生菌可以有促進消化，使體重回復正常的效果。

4. 另一項有趣的實驗，是將11隻狗服用Enterococcus faecium 益生菌 1 週，並觀察其生理變化，在實驗結束後的數據資料顯示，服用益生菌的狗的葡萄球菌減少和假單胞菌樣細菌顯著減少。另一方面，乳酸菌的濃度增加但大腸桿菌的生長沒有受到影響，好菌的數

目變多了，並且8隻狗的總脂質下降；總蛋白也減少了，而且最重要的是發現其膽固醇水平被帶到正常水平，也證明益生菌有預防糖尿病的效果。

總體來說，這些研究表明，各種類型的益生菌都可以有不同的效果讓寵物可以在日常就做到體重控管，原因也是因為通過改善腸道健康和減少炎症，來有效預防或治療寵物體重過重，不過日常更重要的是，毛爸毛媽們要多帶寵物出去走走，並且少吃油膩的東西。

PiPi

漢堡

愛吃鬼

一段時間後

又瘦搜

益生菌

肉肉肉

體重控制，服用益生菌有控制體重的效果

文獻出處：

1. Laia NL, Barko PC, Sullivan DR, McMichael MA, Williams DA, Reinhart JM. Longitudinal analysis of the rectal microbiome in dogs with diabetes mellitus after initiation of insulin therapy. Plos one. 2022 Sep 6;17(9):e0273792.

2. Lin XQ, Chen W, Ma K, Liu ZZ, Gao Y, Zhang JG, Wang T, Yang YJ. Akkermansia muciniphila suppresses high-fat diet-induced obesity and related metabolic disorders in beagles. Molecules. 2022 Sep 17;27(18):6074.

3. Xu H, Huang W, Hou Q, Kwok LY, Laga W, Wang Y, Ma H, Sun Z, Zhang H. Oral administration of compound probiotics improved canine feed intake, weight gain, immunity and intestinal microbiota. Frontiers in Immunology. 2019:666.

4. Marci áková M, Simonová M, Strompfová V, Lauková A. Oral application of Enterococcus faecium strain EE3 in healthy dogs. Folia microbiologica. 2006 May;51:239-42.

4.6 腦部

　　狗與貓類精神系統疾病，如焦慮症、癡呆症等，越來越多地被獸醫學認識和研究。其焦慮可能由多種原因引起，包括遺傳、環境因素和醫療條件。焦慮的常見跡象包括煩躁不安、過度吠叫、破壞性行為，甚至攻擊性行為。另一方面，癡呆症通常是衰老的結果，會導致混亂、迷失方向以及行為和性格的改變。

　　焦慮和癡呆症對狗的生活質量以及它們與主人的關係的影響可能很大。焦慮會導致對某些情況的迴避，使主人難以提供適當的照顧和社交。癡呆症會導致食慾、睡眠模式和活動水平發生變化，這對主人來說也很難管理。

　　益生菌已被建議作為預防或控制寵物的焦慮和癡呆症的潛在方法。研究表明，益生菌可以幫助調節腸腦軸，這是胃腸道和中樞神經系統之間的溝通途徑。該通路被認為在焦慮和癡呆等精神系統疾病的發展中發揮作用。

　　此外，益生菌已被證明具有抗炎和抗氧化特性，這

可能有助於防止寵物的認知能力下降。一些特定的益生菌
菌株已經研究過它們對寵物的潛在益處，包括動物雙歧桿
菌、嗜酸乳桿菌和鼠李糖乳桿菌。一項研究發現，給狗補
充含有嗜酸乳桿菌和動物雙歧桿菌的益生菌可降低焦慮相
關行為的發生率和嚴重程度。另一項研究發現，給衰老的
狗補充含有鼠李糖乳桿菌和動物雙歧桿菌的益生菌可以改
善它們的認知功能並減少癡呆症的跡象。

1. 為了評估長雙歧桿菌菌株對狗類焦慮行為的影響，一
   個研究機構將 24 隻焦慮的拉布拉多獵狗。做益生菌
   餵食的試驗去查證益生菌對狗的焦慮反應（狗在六週
   內保持完整和均衡的飲食），與補充長雙歧桿菌相
   比，22/24隻狗（90%）的日常焦慮行為有所改善，
   包括吠叫、跳躍、旋轉和踱步的減少。此外，與補充
   安慰劑相比，20/24隻狗（83%）在補充長雙歧桿菌
   時對正式焦慮測試的唾液皮質醇濃度降低。在考慮心
   臟活動時，18/24隻狗（75%）顯示心率下降，20/24

隻狗（83%）心率變異性增加，因此，從行為和生理的角度來看，長雙歧桿菌對焦慮的狗有抗焦慮作用。

2. 在另一項試驗中，讓患有焦慮的貓，服用長雙歧桿菌益生，而實驗結果跟狗一樣，數據顯示益生菌可減少貓的壓力和相關行為，例如心跳等。

3. 在另一項大型試驗中，總共兩百一十七隻貓和一百八十二隻狗，參與這項實驗，方法實驗間長達4週，實驗組餵食S. boulardii 益生菌 ，在四週後，實驗數據證明餵食益生菌的群組，減少了、IgA和皮質醇的數值，直接表明益生菌在減輕腸道炎症和減少壓力激素的分泌方面發揮了作用，藉此降低寵物的心理壓力。

4. 另一項試驗是在25隻健康的成年美國梗狗，食用益生菌對營養、免疫、炎症以及壓力方面的研究，研究是將Saccharomyces boulardii 益生菌，分給13隻實驗組，並在研究的第1、7、14、21、28以及35天之

後，與12隻的對照組作數據分析，最終實驗結果證明，補充 S. boulardii益生菌的組別其皮質醇顯著的降低，也直接證明食用益生菌有減輕壓力的效果。

5. 另一項大型研究，將四十五隻有行為問題的狗（具有攻擊性（n = 22）、分離焦慮（n = 15）、強迫性障礙（n = 7）和無法分類的不當行為（n = 1，過度吠叫）使用植物乳桿菌 PS128益生菌當作補充劑，並且評估服用過後的狀況，實驗結果顯示，有行為問題的狗，總體行為穩定性得到改善，攻擊性問題得到改善，治療後分離焦慮得到改善。 尤其在患有分離焦慮症的數據上更為明顯，而這些結果也直接證明PS128有利於情緒穩定，並可作為具有攻擊性和分離性焦慮的狗科動物的補充劑。

Chapter 1
寵物生命全展開

Chapter 2
益生菌的世界

Chapter 3
狗貓菌相大公開

**Chapter 4
益生菌預防寵物疾病**

Chapter 5
寵物益生菌的食用方法

　　從種種的經驗以及數據顯示，為了預防貓科動物的焦慮和癡呆症，必須為它們提供健康和豐富的環境，以減少壓力和焦慮的誘因。 提供充足的玩耍和鍛煉機會，營造平靜和安全的環境，以及建立規律的作息習慣，都有助於減輕貓科動物的焦慮。 此外，使用益生菌，如嗜酸乳桿菌、乳雙歧桿菌、動物雙歧桿菌和糞腸球菌，已顯示出減少貓科動物焦慮樣行為和改善認知功能的希望。總之，焦慮和癡呆是貓與狗科動物常見的精神系統疾病，會對它們的整體健康產生不利影響。 雖然有幾個因素會導致貓科動物的焦慮和癡呆症，但使用益生菌已顯示出減少類似焦慮行為和改善認知功能的潛力。 因此，為貓與狗科動物提供健康和豐富的環境，再加上益生菌的使用，可以幫助預防或控制其焦慮和癡呆症。

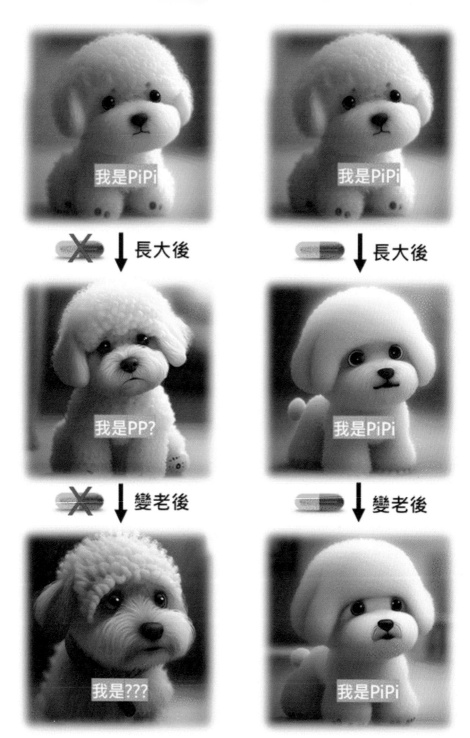

認知行為，服用益生菌有預防癡呆的效果

Chapter 1
寵物生命全展開

Chapter 2
益生菌的世界

Chapter 3
狗貓菌相大公開

Chapter 4
益生菌預防寵物疾病

Chapter 5
寵物益生菌的食用方法

文獻出處：

1. McGowan RT. 'Oiling the Brain' or 'Cultivating the Gut'：
InProceedings 2016 (pp. 91-97).

2. Purina institute

3. Bybee SN, Scorza AV, Lappin MR. Journal of Veterinary Internal
Medicine. 2011 Jul;25(4):856-60.

4. Meineri G, Martello E, Atuahene D, Miretti S, Stefanon B, Sandri
M, Biasato I, Corvaglia MR, Ferrocino I, Cocolin LS. Veterinary
Sciences. 2022 Jul 28;9(8):389.

5. Yeh YM, Lye XY, Lin HY, Wong JY, Wu CC, Huang CL, Tsai
YC, Wang LC. Applied Animal Behaviour Science. 2022 Feb
1;247:105569.

奇異狗博士魔幻篇：
寵物也有星座嗎？

狗貓星座大解析（狗篇）

奇異狗博士 Dr.DC

星座命盤的源由有著深厚的神秘色彩，流傳已久。傳說中，星星在寵物出生時按照特定的方式排列，代表著牠們的性格和命運。一些古代的文化認為，透過觀察星星運動的方式，可以預測未來的事件和命運。這些智者將這種知識用於人類和動物，創造出星座命盤這一神秘的工具，讓人們更了解自己和牠們的寵物。今天，星座命盤仍然是一種受歡迎的神秘學術領域，為人們帶來洞察力和啟示。

水瓶座（1月21日 - 2月20日）

水瓶座的標誌是由天王星統治，是一個聰明、直觀的風象星座。牠們是不可預測的，但非常熱愛和關心牠人，且容易崇拜。這些狗喜歡做自己想做的事情，需要空間和獨處時間策劃下一個驚人的驚喜。牠們也是絕佳的伴侶，可以與其牠狗、貓成為好朋友。在最無法預料的時刻，水瓶座的狗會給你帶來驚喜。

雙魚座（2月20日 - 3月20日）

雙魚座的標誌是魚，受木星統治。雙魚座是水象星座，混合了木星的空氣，因此所產生的狗很敏感且善於魔法。占星學認為，出生在雙魚座的狗天生甜美，需要和平環境才能健康成長，容易受到壓力影響。牠們有時會因為非攻擊性而遭受欺負。雙魚座的狗非常獨立，做自己想做的事而不引起牠人注意。

白羊座（3月21日 - 4月20日）

牡羊座狗標誌是公羊，受火星統治，是火象星座。自信、堅強、好玩，喜歡成為主角。聰明好動，喜歡探索，但也容易陷入危險。可能需要更頻繁地獸醫檢查，因為牠們天生好奇，容易產生意外。火星使牠們充滿激情和動力，牠們想成為你的世界和你財富的中心。

金牛座（4月21日 - 5月20日）

金牛座的狗受金星統治，喜歡美麗和溫柔。這是一個土象星座，具有堅毅的性格和強大的意志力。金牛座的狗對於想要做的事情會堅持不懈，牠們需要一個平衡和平的環境，因為嘈雜的噪音和混亂會讓牠們感到壓力和不安。金牛座狗也需要感到安全，因為牠們天生害羞。牠們非常熱愛感情，但只有當牠們心情好時才會表現出來。

雙子座（5 月 21 日 - 6 月 20 日）

水星統治著雙子座，標誌為雙胞胎。這個風象星座的狗是兩極化的，既積極又被動，既好鬥又友善。牠們快速學習、聰明、機智且富有感情。這些狗經常在自己的世界中編織精神，不喜歡所有權，喜歡自由。然而，牠們可能需要面對分離焦慮，並且在飲食方面需要更明確的指引。作為牠們的監護人，需要提供一個穩定的環境，以減輕牠們的緊張情緒。

巨蟹座 (6 月 21 日 - 7 月 20 日)

巨蟹座的標誌是螃蟹，受月亮統治。月亮代表情感、敏感和培養。巨蟹座是水象星座，充滿流動性和變動性。出生於這個星座下的狗充滿愛心和溫馨，但大多數需要不斷的安慰和關注。新環境和人會讓牠們感到不安和易怒。巨蟹犬喜歡照顧其牠動物並與其牠狗成為好夥伴，但要注意控制食慾，以免體重迅速增加。

獅子座 (7 月 21 日 - 8 月 20 日)

獅子座的象徵是太陽統治下的獅子，代表高貴、大方、陽光。這是一個充滿燃燒能量的火象星座，獅子座狗喜歡戶外活動和吠叫。無論是與主人一起還是在狗公園，牠們都希望成為關注的焦點。擁有獅子座的狗的好處是，牠們是十二生肖中最忠誠的狗之一，這也是獅子座狗最重要的特點。

處女座（8月21日 - 9月20日）

處女座的狗由水星統治，其標誌是處女。水星代表智慧，結合處女座的特質，創造了最平靜的狗。處女座狗是壓力下的冠軍，與金牛座相似，喜歡例行公事，不喜歡改變。牠們喜歡說話並跟隨主人，成為喜歡戶外活動和旅行人的好夥伴。

天秤座 (9 月 21 日 - 10 月 20 日)
天秤座的狗受金星統治,以天秤為標誌。金星使牠們優柔寡斷並易受干擾,難以訓練。這種狗充滿愛心和快樂,但需要溫和的紀律才能感到安全。如果你想要一隻自由隨性的狗,天秤座的狗可能不適合你。牠們需要結構和紀律。此外,天秤座的狗還可能有不規律的飲食習慣,只有在想吃的時候才會進食。

天蠍座（10 月 21 日 - 11 月 20 日）

天蠍座以蝎子為標誌，受冥王星統治。這是一個情感激烈的水象星座。天蠍狗強壯、堅毅且有影響力，往往能夠得到牠們想要的。鍛煉可以幫助天蠍座狗緩解壓力。牠們非常相信直覺，對遭受不平等對待時不會忘記。天蠍狗是孤獨的，唯獨喜歡牠們主人的陪伴。天蠍狗喜歡被奉承和打扮。

射手座（11月21日 - 12月20日）

射手座的狗受木星統治，以射手為標誌。作為喜愛挑戰的火象星座，牠
們快樂、外向、善良。射手座狗容易被挑剔，需要得到身體上的感情。
忠誠是牠們的專長，但可能變成分離焦慮。射手座的狗渴望陪伴，喜歡
和其牠動物一起生活。牠們需要訓練，避免不規律的飲食習慣和過度的
情緒波動。

摩羯座（12月21日 - 1月20日）

摩羯座的標誌是山羊，受土星統治。土星是土象星座，代表著現實和責任感。摩羯座的狗聰明、勤勉、有自己的想法，喜歡運動和活動。相對於其他狗，牠們只需要更少的睡眠時間，並且壓力會使牠們感到焦慮。摩羯座的狗可能不總是最好的動物伴侶，如果牠們被迫和其他寵物相處，可能需要一些時間來調適和適應。

CHAPTER 5
寵物益生菌的食用方法

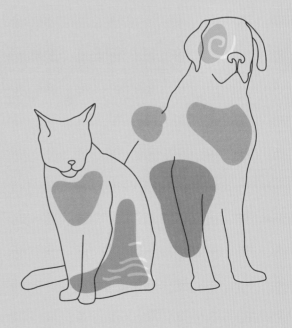

5.1 寵物益生菌該吃多少

　　狗每天應服用的益生菌量因具體產品和預期用途而異。 一般來說，建議遵循製造商在標籤上的說明或諮詢專業人士以確定適合寵物的劑量。

　　以下是2022年最新的寵物益生菌用量總整理：

菌株	用量 [CFU/天]	對象
Bifidobacterium animalis AHC7	2×10^{10}	狗
Lactobacillus rhamnosus MP01 + Lactobacillus plantarum MP02	10^9	狗
Lactobacillus murinus LbP2	5×10^9	狗
Lactobacillus johnsoniiCPN23	2.3×10^8	狗
Lactobacillus fermentumCCM 7421	$107-10^9$	狗
Bifidobacterium animalis B/12	1.04×10^9	狗
Proviable®-DC (7 bacterial species)	5×10^9	狗
Lactobacillus acidophilusDSM13241	2×10^8	貓
Enterococcus hirae	$2.85-4.28 \times 10^8$	貓
Enterococcus faecium SF68	5×10^9	貓
Enterococcus faecium SF68	2.1×10^9	貓
Proviable®-DC (7 bacterial species)	5×10^9	貓

　　從上述的表格來說，這些研究表明，每天服用最少 2x10^8 最多至 2x10^10 CFU通常為10～50億已經是可以達到主要的效果的，若是過量，反而會造成狗貓身體不必要的負擔。

文獻出處：

Lee D, Goh TW, Kang MG, Choi HJ, Yeo SY, Yang J, Huh CS, Kim YY, Kim Y. Journal of Animal Science and Technology. 2022 Mar;64(2):197.

5.2 益生菌與寵物體型年齡的關係

　　狗的益生菌每日推薦量可能因益生菌補充劑的特定菌株和配方而異。一般來說，中小型狗的劑量範圍為每天 1 至40億CFU（菌落形成單位），大型狗的劑量範圍為每天 200億CFU。但是，重要的是要遵循益生菌補充劑製造商提供的劑量說明。

　　有一些證據表明益生菌的口服量可能與狗的體重有關。 例如，一項研究發現，與較輕的狗相比，較高劑量的特定益生菌菌株在減少較重狗的腹瀉方面更有效。該研究對體重在2.5至45公斤之間的狗施用 0、5、50 或 5 億個 CFU 的嗜酸乳桿菌，發現5億個CFU的劑量對減輕體重超過15公斤的狗的腹瀉最有效。

　　另一項研究評估了含有多種細菌菌株的益生菌補充劑對不同體型狗的腸道微生物組的影響。該研究以小型狗（<10 公斤）每天0.5克，中型狗（10-25公斤）每天 1

克，大型狗（>25 公斤）每天2克的劑量服用益生菌補充
劑．研究發現，益生菌補充劑可有效增加各種體型狗腸道
中有益細菌的豐度。

　　總體來說，雖然狗益生菌的最佳劑量可能取決於特定
菌株和補充劑配方等因素，但有一些證據表明益生菌的口
服量可能與狗的體重有關。重要的是要遵循補充劑製造商
提供的劑量說明，並在給您的狗服用任何新的補充劑之前
諮詢專業人員。

　　就貓而言，有一些證據表明體型較大的貓科動物可能
需要更高劑量的益生菌。一項研究發現，較高劑量的益生
菌（每天100億個 CFU）比較低劑量的益生菌（每天10
億個CFU）在減少大型貓（超過4.5公斤）的腹瀉方面更
有效， 而不是較小的貓（4.5公斤以下）。 然而，需要更
多的研究來充分了解體重與貓科動物益生菌劑量之間的關
係。

5.3 益生菌與寵物年齡的關係

　　進一步的研究來確定不同的益生菌是否需要在不同的生命階段中使用，以保持腸道微生物組的健康狀態。

　　而在貓咪的體內微生物群跟狗一樣也非常重要，也會直接的影響到牠們的健康狀況。相同的情況也發生在貓咪身上，當貓年紀越來越大，保持良好的腸道微生物群就變得更加重要了。最近的研究對五個不同年齡段（斷奶前、斷奶、年輕、老年和老年）的貓進行了研究，發現貓咪腸道微生物群的組成也會隨著年齡變化，而和狗不同的是，狗腸胃中非常重要的雙歧桿菌在貓的腸道中似乎就沒有那麼重要了。而腸球菌似乎是貓體內主要的產乳酸菌。這個研究還發現，使用不同的益生菌不僅可以幫助狗和貓的健康，還可以用於抗衰老。在不同的生命階段中可以使用不同的益生菌去保護我們寵物的健康。

幾項研究調查了衰老對狗科動物和貓科動物腸道微生物群的影響，結果各不相同。一項針對健康成年狗的研究發現，雙歧桿菌和乳酸桿菌等有益細菌的豐度會隨著年齡的增加而減少，而梭菌和梭桿菌等潛在有害細菌的相對豐度會增加。同樣，在貓身上，研究發現衰老與腸道微生物群的變化有關，包括雙歧桿菌等有益細菌相對豐度的減少以及腸球菌和大腸桿菌等潛在有害細菌的增加。總的來說，雖然益生菌隨年齡增長而減少的確切百分比尚未確定，但很明顯，衰老與狗科動物和貓科動物腸道微生物群的變化有關，這可能導致益生菌豐度和整體腸道微生物相多樣性的減少。

從以上的結論可以得知，益生菌的用量跟寵物的年齡、體重以及品種都有一定的關係，也不是越多數量就越好，因此在選擇益生菌的同時，必須要謹慎的了解到自己毛小孩真正的需求，並找真正了解益生菌的專家作為諮

Chapter 1
寵物生命全展開

Chapter 2
益生菌的世界

Chapter 3
狗貓菌相大公開

Chapter 4
益生菌預防寵物疾病

Chapter 5
寵物益生菌的食用方法

詢，而不是被天花亂墜的廣告宣傳文，購買了不確實際的
商品讓你傷了荷包，又傷害了我們最珍貴的毛小孩。

5.4 益生菌的食用型態

1. 膠囊或片劑：這些是最常見和方便的益生菌使用劑型。它們含有易於吞嚥的凍乾或脫水活菌。

2. 粉末：益生菌粉末可以混合到食物或飲料中，使其成為挑食或難以吞嚥膠囊的寵物的簡便方法。

3. 軟糖：益生菌軟糖是給寵物提供益生菌的一種美味且方便的方式。它們通常用肉或其他對寵物有吸引力的口味調味。

4. 零食：益生菌零食類似於咀嚼物，但它們通常更大，味道更複雜。它們可以作為日常零食提供，也可以在訓練期間用於獎勵寵物。

5. 液體：益生菌液體通常添加到寵物食品或水中。對於難以吞嚥膠囊或不喜歡粉末或咀嚼物味道的寵物來說，它們是一個不錯的選擇。

6. 外用：益生菌外用產品旨在直接應用於寵物的皮膚或皮毛。它們通常用於幫助管理皮膚狀況或促進健康的

皮毛。

值得注意的是，並非所有益生菌形式都同樣有效，益
生菌產品的有效性取決於多種因素，包括其所含細菌的特
定菌株、劑量和寵物的個體健康狀況。

益生菌的商業化有多種形式，以下是每種形式的三個
優點和三個缺點：

1. 膠囊

優點：

· 易於使用和攜帶

· 方便旅行和外出

· 通常比其他形式的保質期更長

缺點：

· 可能不適合吞嚥膠囊有困難的人以及寵物

· 可能比其他格式更貴

· 可能含有對某些人以及寵物有問題的添加劑或填
  充劑

2. 粉末

優點：

· 可以很容易地混入食物或飲料中
· 通常每份含有更多的益生菌
· 份量更靈活

缺點：

· 可能很雜亂且難以準確測量
· 可能有強烈的味道或令人不快的質地
· 打開後保存期可能不會很長

3. 液體

優點：

· 能迅速被體內吸收

Chapter 1
寵物生命全展開

Chapter 2
益生菌的世界

Chapter 3
狗貓菌相大公開

Chapter 4
益生菌預防寵物疾病

Chapter 5
寵物益生菌的食用方法

- 可以很容易地添加到水或其他飲料中
- 除益生菌外，可能含有其他有益成分

缺點：

- 可能比其他格式更貴
- 可能更難運輸和儲存
- 可能含有添加糖或其他甜味劑

4.軟糖

優點：

- 可以是一種有趣而美味的益生菌食用方式
- 可能對兒童或挑食者更有吸引力
- 通常比其他形式的保質期更長

缺點

- 可能含有添加糖或其他甜味劑
- 可能比其他格式更貴
- 每份含有的益生菌可能不如其他形式

5.發酵食品

優點：

· 可以是益生菌的天然來源

· 可以作爲飯菜的美味補充

· 除益生菌外，還有其他健康益處

缺點：

· 可能不適合有某些飲食限制或過敏體質

· 在家很難找到或製作

· 每份食品中益生菌的含量可能不一致。

　　益生菌補充劑有多種形式，包括膠囊、片劑、粉末、液體和軟糖。 每種形式在生存能力和所用賦形劑的數量方面都有其優點和缺點。尤其是潮濕度也要非常注意，總體而言，益生菌形式的選擇取決於個人偏好、生活方式和健康需求。 選擇信譽良好的品牌並諮詢保健專業人士以確保正確的劑量和配方非常重要。

5.5 客製化益生菌

　　那到底益生菌要吃哪一個廠牌呢？其實每一個寵物都相當於人一樣，每個毛小孩適合的益生菌都不同，只能找自己信任的廠牌或專業人士諮詢才可以了解需求，不過在現有的資源下，往往最後也都不一定適合自己的毛小孩因為，獸醫師的強項在於診斷以及治療，不是在產品或藥物製作，儀器檢驗又要找專業的研發人員才可以了解，並且外部販賣的產品，都是只有廠商知道成分配方，再加上暫時市面上，比較少有廠商真的拿出完整的益生菌去做狗貓實驗，大部分都是單一個菌株或原料，因為實驗的複雜性以及表徵的方式，需要較高技術的門檻，要這些項目都具備了，才可以真的了解每一個寵物在吃完益生菌後對身體的影響，所以常常聽到有些寵物吃了有效，也些吃了沒效，其實跟人一樣，需要一些完整的檢驗，才可以知道自己體內到底缺乏什麼物質，不過拜賜於這幾年現在生物技術的發達，現在可以做到，拿寵物的一些糞便，就可以測

出寵物身體的菌相成分，並且可以預測其體質所需的益生菌，去改善寵物真正需要的營養成分，達到預防以及延緩衰老的可能。那項技術叫做次世代基因定序（Next Generation Sequencing, NGS），NGS技術是一種用於研究各種環境樣本（如土壤、水和人體腸道）中微生物群落多樣性和組成的強大工具。

NGS技術允許生成大量的測序數據，這些數據可用於鑑定樣品中，不同微生物物種的類型和相對豐度。這些信息可以用於了解這些微生物在各種生物過程中的作用以及狀態，例如人體健康、疾病發展狀況和生態系統中的營養循環等。

使用NGS進行微生物組分析通常包括以下步驟：

1. 從環境樣本中提取DNA（寵物以及人取糞便即可）。

2. 使用Polymerase Chain Reaction（PCR）擴增16S rRNA基因的特定區域。

3. 使用Illumina或PacBio等NGS平台對擴增的DNA進

行測序。

4. 數據分析，以確定樣品中存在的微生物物種及其相對豐度。

　　由於NGS技術的強大，並且在各個領域都有廣泛的應用，現在這項分析也可用於研究狗和貓的腸道微生物群，這在它們的健康和福祉中起著至關重要的作用。大家應該都有一個印象去寵物醫院檢查，但是每次檢查都項目都差不多（兩張A4紙），之後就開始，試這個，試那個，看看到底哪個有用，由於寵物醫療在亞洲並沒有歐美國家規範那麼的完整，所以飼主常常也求道無門，現在多了一項這個技術，可以真正了解毛小孩腸道微生物的組成，早期補充早期治療。狗和貓的微生物分析背後的理論基於好菌以及壞菌的比例平衡，若體內生態失調或腸道微生物組失衡，那狗和貓的各種疾病就會開始產生，包括炎症性腸病（IBD）、糖尿病和肥胖症。

　　那NGS是如何分析用於患有炎症性腸病（IBD）的狗
呢：炎症性腸病是一種影響狗的慢性胃腸道疾病，可引起
嘔吐、腹瀉和體重減輕。研究表明，患有IBD的狗的腸道
微生物組與健康狗有顯著差異，有益細菌減少，可以對
從患有IBD的狗和健康狗收集的糞便樣本進行微生物群分
析。使用 Illumina 或 PacBio等NGS平台對糞便樣本中的
DNA 進行提取、擴增和測序。然後可以進行數據分析以
比較兩組的微生物群。可以確定特定微生物類群的相對豐
度，並可以進行統計分析以確定組間的顯著差異。例如，
該分析可能顯示患有IBD的狗體內的雙歧桿菌和乳酸桿菌
等有益細菌數量減少，而梭桿菌和梭狀芽孢桿菌等有害細
菌數量增加。 這些信息可用於開發有針對性的治療或飲食
干預措施，例如益生菌或益生元，以改善患有IBD的狗的
腸道微生物群並減輕其症狀。

　　微生物群分析還被用於研究各種其他疾病中的腸道
微生物組，包括糖尿病、結直腸癌和自身免疫性疾病。通

Chapter 1
寵物生命全展開

Chapter 2
益生菌的世界

Chapter 3
狗貓菌相大公開

Chapter 4
益生菌預防寵物疾病

Chapter 5
寵物益生菌的食用方法

過識別與這些病症相關的腸道微生物群的變化，研究人員可以開發有針對性的治療和乾預措施來預防或治療這些病症。

　　總體來說，微生物群分析是一個強大的工具，可以提供有關腸道微生物群及其在健康和疾病中的作用的有價值的信息。雖然它可能不能直接預防疾病，但它可以幫助識別可能與疾病發展相關的微生物組變化，並可用於制定有針對性的干預措施來預防或治療這些病症。

　　我們人都會常常做健康檢查，來了解自己的身體，去保護自己，而現在我們也擁有另一項武器，可以去了解我們的毛小孩身體的真實狀況，而去預防以及早期治療，不過由於技術門檻比較高，必須要找自己信任的專業人事，從檢驗到解讀報告以及營養品配方，每一環都是非常重要的，不過為了我們的毛小孩健康，也為了我們的荷包，早期了解他們，反倒是更重要的一件事。

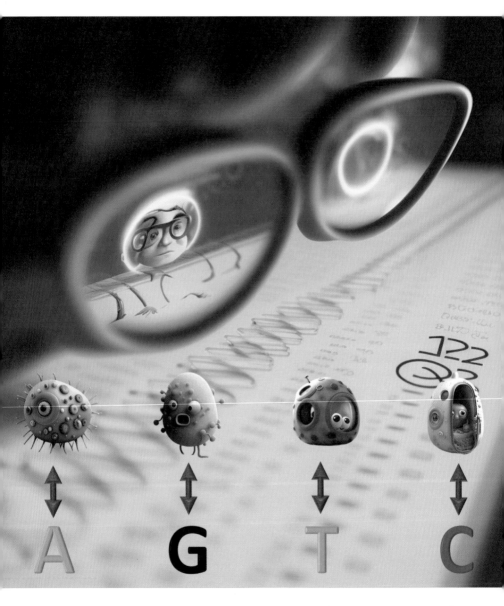

每一個DNA序列，可以對應特定的物質

文獻出處：

1. Lee D, Goh TW, Kang MG, Choi HJ, Yeo SY, Yang J, Huh CS, Kim YY, Kim Y. Journal of Animal Science and Technology. 2022 Mar;64(2):197.

2. Masuoka H, Shimada K, Kiyosue-Yasuda T, Kiyosue M, Oishi Y, Kimura S, et al. Biosci Microbiota Food Health. 2017;36:27-31. https://doi.org/10.12938/bmfh.BMFH-2016-021

3. Masuoka H, Shimada K, Kiyosue-Yasuda T, Kiyosue M, Oishi Y, Kimura S, et al. PLOS ONE. 2017;12:e0181739. https://doi.org/10.1371/journal.pone.0181739

4. Bermingham EN, Young W, Kittelmann S, Kerr KR, Swanson KS, Roy NC. (2017). Br J Nutr. 117(7):990-999. doi： 10.1017/S0007114517000853.

奇異狗博士魔幻篇：
寵物也有星座嗎？

狗貓星座大解析（貓篇）

奇異狗博士 Dr.DC

水瓶座（1月21日 - 2月20日）

如果你的貓是出生在風象星座水瓶座的話，那就意味著牠在黃道帶的第十一宮，代表社交和友誼。這意味著你的貓可能會享受成為群體的一部分，與不同的人交往和社交，即使牠們不太熟悉也一樣。由於水瓶座傾向於打破傳統，你的貓可能會表現出一些古怪的行為，例如跳進淋浴間，或進行跑酷運動釋放多餘的能量。

雙魚座（2月20日 - 3月20日）

若您的貓出生於變動水象星座-雙魚座，那牠可能是一隻非常神秘的寵物。
牠們通常非常敏感、有直覺，當你情緒低落時，你會發現你的毛茸茸的
貓總是在你身邊，甚至在門口等你回家。牠們也很容易變得超級敏感，
可能比普通貓更需要依偎和愛，所以一定要給予足夠的關愛和溫暖。

牡羊座（3月21日 - 4月20日）

如果你的貓出生在火象星座中最年輕的第一個標誌牡羊座下，那麼你可能會擁有一隻兇猛的貓科動物。由於火星的影響，牠們是積極進取的，擁有豐富的能量和競爭意識。當牠們想要某件東西或者想玩時，牠們可能會變得相當粗暴，摔倒你最喜歡的玻璃杯並讓你停下手頭的工作。

金牛座（4月21日 - 5月20日）

出生在土象星座金牛座下的貓咪，通常表現得甜美和冷靜。和金星守護星相關，金牛座的人通常很悠閒，能夠輕鬆面對生活。因此，金牛座的貓不是那種會乞求高能量遊戲幾個小時的寵物。牠們更喜歡在陽光下打盹或慢慢地享受食物。這些貓咪也很依戀原有的事物，當牠們的食物或玩具被更換時，牠們可能會需要一些時間來適應新的物品。

雙子座（5月21日 - 6月20日）

雙子座貓咪是個喜愛玩樂、社交性高且聲音響亮的寵物。牠們能用各種喵喵聲，準確表達自己的感受和需求。由於雙子座是雙胞胎的象徵，貓咪可能會顯示出兩面不同的性格，時而熱情時而冷漠。不過，牠們是多變的星座，因此能快速適應新環境和人。

巨蟹座（6月21日 - 7月20日）

巨蟹座是主要水象星座，由情緒化的月亮守護。因此，您的貓可能是一隻魔術貼貓，有著多愁善感、敏感和直覺性。巨蟹座喜歡擁抱，因此您的小貓很可能會喜歡和您一起睡覺和蜷縮。牠們本質上是照顧者，因此即使牠們並不是情感支持動物，牠們也會在您身邊，在您感到壓力或憂鬱時安撫您。

獅子座（7月21日-8月20日）

獅子座是一個固定的火象星座，太陽是牠的主宰。出生在這個星座的貓非常外向，喜歡吸引人們的關注。牠們總是在遊戲時間中展現自己，或者吸引所有遊客的注意力。獅子座與自我表達和樂趣的第五宮有關，因此您的貓一定非常有趣，輕鬆愉快，同時散發出王者風範。獅子座貓可能會喜歡穿著寶石或金項圈，展現自己的豪華和尊貴。

處女座（8 月 21 日 - 9 月 20 日）

你的貓是一個出生在易變的土象星座，處女座的真誠、樂於助人，牠會很高興在你做家務或處理日常任務時和你在一起，並展現最快樂的一面。處女座由信使水星統治，因此你的貓可能會對窗台上最小的蟲子或即使是你沒有察覺到的鳥鳴聲也很敏感。此外，處女座非常注重細節，這也反映在你的貓對自己的清潔非常挑剔，因為這是處女座的代表標誌。

天秤座（9 月 21 日 - 10 月 20 日）

如果你的貓出生在金星主宰的天秤座，那麼牠可能是一隻喜歡社交的貓咪。因為金星是美麗的行星，所以這隻貓可能很漂亮，也很受人喜愛。天秤座通常喜歡和平，討厭衝突，所以你的貓可能對嘈雜的聲音或家中的不和諧情況很敏感。另一方面，牠們可能會對漂亮、舒適的細節非常感興趣，例如加熱的貓床。

天蠍座（10 月 21 日 - 11 月 20 日）

如果你的小貓是出生在固定水象星座天蠍座的話，牠肯定是非常迷人的，
但也有些神秘和冷漠。行動之星火星和力量之星冥王星的統治下，天蠍
座通常表現出激烈的行為。當人們遇到你的貓時，牠們可能會對牠們的
驚人程度感到吃驚。天蠍座是固定星座的一員，因此你的貓非常依戀你
和其牠家庭成員，並且討厭任何形式的變化。

射手座（11月21日 - 12月20日）

如果你的貓是在火象星座射手座下出生，那麼牠們很有可能是一隻愛好自由的冒險家。這個星座由幸運的木星主宰，所以你的貓喜歡探索未知的領域，不管是拉著牽引繩與你一起徒步旅行，或者只是在家中找尋新的藏身之處。射手座的貓喜歡大膽探索，而且越刺激越好，牠們總是期待著更多的玩耍、款待和關注。

摩羯座（12月21日 - 1月20日）

如果你的貓出生在嚴肅的土星摩羯座，牠會是一隻努力工作、踏實的貓科動物，並且很感激讚美和獎勵，因為土星掌管這個星座。這隻貓很可能會選擇緩慢而穩定地朝著目標前進，並享受挑戰自己的機會。例如，牠們可能會喜歡在較難的智力遊戲中獲得獎勵。

結語

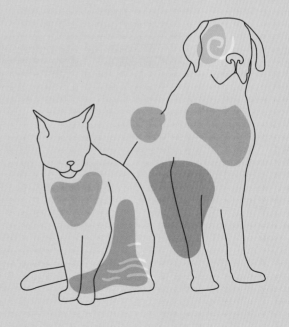

　　作為寵物主人，我們都希望我們的毛茸茸的伙伴健康快樂。確保他們擁有平衡和多樣化的腸道微生物群是支持他們健康的一種方式，這可以通過使用益生菌、益生元和後生元來實現。在本書中，我們探索了寵物益生菌的世界，深入探討了如何計算寵物的壽命、狗和貓十種最常見的疾病，以及益生菌、益生元和後生元的基礎知識和作用方式。

　　我們還深入研究了狗和貓的微生物群，探索了寄生在它們體內的不同細菌、「好」和「壞」細菌之間的差異，以及這些微生物對寵物健康的影響。

　　此外，我們還研究了益生菌如何對不同部位的身體產生益處，如消化道、皮膚、口腔、腎臟、泌尿道、體重，甚至大腦。我們探索了各種寵物益生菌的類型以及將它們融入寵物飲食的最佳方式。

通過本書，讀者應該更好地了解平衡和多樣化的腸道微生物群對寵物整體健康和福祉的重要性。他們還應該具備必要的知識，以便就使用哪種益生菌產品或哪一種檢驗以及如何將其融入寵物飲食做出明智的決策。

在這個充滿挑戰和變化的時代，我們的寵物已成為我們珍愛和喜愛的重要家庭成員。作為寵物主人，我們有責任確保他們健康快樂，而提供適當的益生菌可能是實現這一目標的關鍵步驟。

最後，希望我們的毛小孩，可以每天健健康康的陪伴著我們，每天都可以在我們回家開門的時候，熱情地衝向我們，睡覺前輕輕得舔著我們的臉龐，他們用天真無邪帶給我們的快樂，我們必須要用我們的方式去守護他們的健康。

國家圖書館出版品預行編目資料

狗貓的好菌友：留美博士讓你一次搞懂好菌、壞
菌、益生菌／奇異狗博士著. --初版.--臺中市：
白象文化事業有限公司，2023.7
　　面；　公分
ISBN 978-626-364-041-2（平裝）
1.CST: 動物　2.CST: 寵物飼養　3.CST: 乳酸菌
437.354　　　　　　　　　　　112007768

狗貓的好菌友
留美博士讓你一次搞懂好菌、壞菌、益生菌

作　　者　奇異狗博士
校　　對　奇異狗博士
本書圖片以Midjourney生成，奇異狗博士製作
發 行 人　張輝潭
出版發行　白象文化事業有限公司
　　　　　412台中市大里區科技路1號8樓之2（台中軟體園區）
　　　　　出版專線：（04）2496-5995　　傳眞：（04）2496-9901
　　　　　401台中市東區和平街228巷44號（經銷部）
　　　　　購書專線：（04）2220-8589　　傳眞：（04）2220-8505
專案主編　陳逸儒
出版編印　林榮威、陳逸儒、黃麗穎、水邊、陳婷婷、李婕
設計創意　張禮南、何佳諠
經紀企劃　張輝潭、徐錦淳
經銷推廣　李莉吟、莊博亞、劉育姍、林政泓
行銷宣傳　黃姿虹、沈若瑜
營運管理　林金郎、曾千熏
印　　刷　基盛印刷工場
初版一刷　2023年7月
定　　價　320元

白象文化　印書小舖 PressStore　出版 · 經銷 · 宣傳 · 設計
www.ElephantWhite.com.tw　自費出版的領導者　購書 白象文化生活館